AF643833

# Wunder der Natur

*Beatrice Forshall*

# Wunder der Natur

Eine Hommage an die letzten
Tiere und Pflanzen ihrer Art

PRESTEL
MÜNCHEN • LONDON • NEW YORK

Für Romilly
und für Mum und Dad.

Danke.

*In Erinnerung an die Arten, die bereits verschwunden sind.*

*Ich würde sagen, wir sind durch Tausend unzerbrechliche Glieder*
*miteinander und mit allem anderen verbunden und unsere Würde und Chancen sind eins.*
*Der fernste Stern und die Erde unter unseren Füßen bilden eine Familie; es ist weder*
*anständig noch sinnvoll, nur eine Sache zu ehren, oder wenige, und es dabei zu belassen.*
*Die Kiefer, der Leopard, der Platte River und wir –*
*uns drohen dieselben Gefahren oder wir sind gemeinsam auf dem Weg in eine nachhaltige Welt.*
*Wir sind einander Schicksal.*

Mary Oliver
»Winterstunden«, 1999

# INHALT

# UNSER PLANET

Im Raumschiff summen die elektrischen Instrumente, man hört metallische Geräusche und das statische Rauschen des Funkgeräts. Manchmal wird gelacht, meist wird sachlich bestätigt, was überprüft und ein- oder ausgeschaltet wurde. In den letzten 75 Stunden schlief man kaum. Nur ein Stahlgehäuse trennt die Besatzung von der tödlichen, dunklen Leere.

Sie sausen mit rund anderthalb Kilometern pro Sekunde durchs All. Es ist die vierte von zehn Mondumrundungen innerhalb von 24 Stunden. Als sie sich von der Rückseite des Mondes abwenden und Borman das Raumschiff dreht, ist sie auf einmal da, die blau schimmernde Halbkugel der Erde, die über dem fernen Horizont des wachsgrauen Mondes auftaucht und den Astronauten zuerst gar nicht auffällt.

Das folgende Gespräch fand am 24. Dezember 1968 statt, 75 Stunden, 46 Minuten und 47 Sekunden nach Beginn der Apollo-8-Mission:

**Anders** (fotografiert die Mondoberfläche auf der Suche nach geeigneten Landeplätzen): Da unten war ein dunkler Krater, aber ich war nicht schnell genug, um zu sehen, ob es etwas Vulkanisches sein könnte.

**Anders:** Oh mein Gott! Seht euch dieses Bild an! Dort geht die Erde auf! Mann, ist das schön!

**Borman:** Nimm das nicht auf, das steht nicht auf dem Plan. [Gelächter.]

**Anders:** [Lacht.] Hast du einen Farbfilm, Jim?

**Anders:** Gib mir schnell eine Rolle Farbfilm, bitte.

**Lovell:** Oh Mann, das ist großartig!

**Anders:** Schnell, beeil dich!

**Borman:** Meine Güte.

**Lovell:** Ist er hier unten?

**Anders:** Gib mir einfach einen Farbfilm.

**Anders:** Beeil dich!

**Borman:** Hast du einen?

**Anders:** Ja, ich suche gerade einen.

**Lovell:** C 368?

**Anders:** Irgendeinen. Mach schnell!

**Lovell:** Hier.

**Anders:** Ah, ich glaube wir haben sie verpasst.

**Lovell:** Hey, ich seh sie genau von hier aus!

**Anders:** Lass es mich aus diesem Fenster machen, es ist viel klarer.

**Lovell:** Bill, ich habe sie im Rahmen. Von hier aus sieht man sie deutlich.

*Das erste von zwei Farbfotos der aufgehenden Erde entstand um 75:48:39.*

**Lovell:** Hast du's?

**Anders:** Ja.

**Borman:** Mach am besten mehrere.

**Lovell:** Mach mehrere! Hier, gib mir mal!

**Anders:** Warte kurz, erst noch die richtige Einstellung. Genau. Ganz ruhig bleiben. Bleib ganz ruhig, Lovell.

**Lovell:** Okay, ich hab's ge- Oh, das ist ein schönes Bild. 250 bei f:11.

---

Und das war das Foto, das die Astronauten mitbrachten. Die leuchtend blaue Erde, die neben dem grauen Mond aus der Leere des Weltalls hervorblitzt. Bedeckt von glänzenden Meeren und weißen Wolkenwirbeln. Dazwischen erkennt man das braune und grüne Festland des afrikanischen Kontinents. Selbst aus einer Entfernung von 376.000 Kilometern wirkt unser Planet bewegt und lebendig.

Die Astronauten hatten sich auf eine Mondmission begeben und kehrten mit einem Bild der Erde zurück. Die ersten Fotos unseres Planeten waren unscharfe Fragmente gewesen, aber dieses Mal wurde die Erde zusammen mit dem Mond auf Farbfilm gebannt. Das Bild zeigt, wie schön unsere Welt doch ist: wie verletzlich, wie allein, wie einzigartig. Sie erscheint aus der grenzenlosen Dunkelheit, die schwärzer ist als die Nacht.

Im Jahr 1968 kannte man schon das Verhalten von Wassermolekülen, wie sie im Eis, den Meeren und den Wolken auf dem Foto zu sehen waren. Aber erst jüngst fand man heraus, wie viel Sauerstoff die Ozeane erzeugen und wie viel Kohlendioxid sie absorbieren. Diese Kreisläufe sind die Verbindung zwischen allen Lebewesen. Die Biosphäre der Erde wird vom Licht und der Wärme der Sonne angetrieben, einem steten Energiefluss. Das lebensspendende System unseres Planeten erneuert sich selbst und war 300.000 Jahre lang, bis vor Kurzem, bemerkenswert stabil gewesen.

Das Foto von Apollo 8 wurde an Heiligabend aufgenommen und die Astronauten lasen aus dem 1. Buch Mose, das die Entstehung der Erde beschreibt: »›Und Gott nannte das Trockene Erde, und die Sammlung der Wasser nannte er Meer. Und Gott sah, dass es gut war.‹ Und die Besatzung der Apollo 8 wünscht allen auf der guten Erde eine gute Nacht, viel Glück, frohe Weihnachten und Gottes Segen.«

---

In den 18 Monaten, in denen ich für dieses Buch recherchierte, wurden 111 Arten für ausgestorben erklärt.

Das Artensterben ist Teil der Evolution, aber man vermutet, dass es sich seit dem Auftauchen des Menschen um das Tausendfache beschleunigt hat. Der Tod ist der notwendige Abschluss eines jedes Lebenszyklus, aber das Aussterben beendet diesen Zyklus. Wir zerstören, ohne den Wert des Zerstörten zu kennen – oder, noch schlimmer, wir kennen ihn sehr wohl.

In meiner Kindheit waren die Wiesen rund um unser Haus voller Leben, dicht bewachsen mit Wiesensalbei, Wiesenbocksbart, Klee, Hahnenfuß, Wiesenschaumkraut, Schlüsselblumen und Löwenzahn. Das Summen der Insekten erfüllte die Luft und es gab noch richtige Jahreszeiten. Heute wächst vor meinem Fenster nur Weidelgras. Keine Blume in Sicht. Die Ränder säumen durch Pestizide verformte Ampferblätter. Die einzigen Geräusche kommen von der nahen Autobahn. Die Schwalben bleiben aus und auch den Ruf des Kuckucks hört man nicht mehr. Auf den Wiesen flattern nur Krähen herum. Auf dem Nachthimmel sieht man keine Sterne.

Wir berauben uns der Geschöpfe, die unzählige Dichter inspirierten. Die Verletzlichkeit der bedrohten Arten weckte in mir den Wunsch,

EINIGE DER ARTEN,
DIE WÄHREND DER ENTSTEHUNG
DIESES BUCHS ALS AUSGESTORBEN
ERKLÄRT WURDEN

Radierungen von ihnen anzufertigen. Dabei tauchte ich in ihr Leben ein, lernte ihre Unterschiede und Ähnlichkeiten zu uns Menschen kennen.

Ich wollte ihre Geschichten erzählen und habe versucht, ihnen gerecht zu werden, soweit ich es als Laie kann. Und ich wollte vermitteln, welchen Einfluss wir auf den Planeten und seine Bewohner haben. Ich hatte das Glück, von der Cambridge Conservation Initiative (CCI) eine Künstlerresidenz zu erhalten. Die CCI ist ein Gemeinschaftsprojekt der Universität Cambridge und von neun führenden Organisationen, die sich für den Erhalt der Biodiversität einsetzen, darunter auch die International Union for the Conservation of Nature (IUCN). Hier begegnete ich Menschen, die über ein enormes Wissen und große Hingabe verfügen und die ihr berufliches Leben dem Erhalt bestimmter Lebensräume oder Arten widmen.

Im Jahr 1946 war die neu gegründete UNESCO unter der Leitung des Biologen Julian Huxley eine treibende, radikale Kraft. Huxley und die UNESCO förderten die Gründung der IUCN (damals: International Union for the Protection of Nature). Zu ihren ersten Amtshandlungen gehörte eine Konferenz im amerikanischen Lake Success im August 1949. Eine Liste mit dreizehn Vogel- und vierzehn Säugetierarten, die vom Aussterben bedroht waren, sollte mehreren Staaten präsentiert werden.

Von dieser Liste gelten die Nordafrikanische Kuhantilope und der Beutelwolf bereits als ausgestorben. Der Eskimo-Brachvogel wurde seit 1939 nicht mehr in seinem Winterquartier gesichtet. Von den 27 Arten der ursprünglichen Liste wurden fünf schon als ausgestorben erklärt und zwei weitere sind wahrscheinlich ebenfalls Geschichte. Bei acht Arten sinkt der Bestand, acht weitere erholen sich, gelten aber weiterhin als gefährdet, stark gefährdet oder vom Aussterben bedroht.

Der Generaldirektor der Konferenz von 1949, Jean-Paul Harroy, merkte an, dass selbst die strengsten Gesetze zum Artenschutz nutzlos seien, wenn die wirtschaftlichen Motive, sie zu brechen, groß genug wären. Es gab so viele gefährdete Arten, dass die IUCN im Jahr 1964 die Rote Liste einführte. Bis Juli 2022 waren 142.517 Arten untersucht und über 40.000 von ihnen als bedroht eingestuft worden. Über 900 Arten waren ganz und 80 weitere in der Natur ausgestorben.

Die Untersuchung so vieler Arten ist die außerordentliche Leistung Tausender Wissenschaftler. Fast alle Tiere, die in diesem Buch vorkommen, stehen auf der Roten Liste der IUCN. Zwei Ausnahmen bilden die Hundeschnauzen-Schwebfliege und die Theiß-Eintagsfliege. Obwohl die Wirbellosen eine der größten Gruppen von Lebewesen sind, werden sie weniger geschätzt und erforscht als andere. Einige der in diesem Buch erwähnten Arten haben sich durch Schutzmaßnahmen wieder erholt, aber viele, wie etwa der Kakapo, sind auf menschliche Hilfe angewiesen.

Harroy schrieb später über die Konferenz von 1949: »Alle Phänomene sind eigentlich nur ein einziges Phänomen«, darum kann »eine abrupte Veränderung eines der beeinflussenden Faktoren tiefgreifende Konsequenzen auf das komplexe Ganze« haben. Diese Tatsache beginnen wir vielleicht erst jetzt richtig zu verstehen, wo der Permafrost schmilzt und der Amazonas-Regenwald Kohlenstoff freisetzt.

Wir stehen vor dem größten Problem der Menschheitsgeschichte. Es ist eine Tragödie, in der wir selbst entscheiden, welche Rolle wir spielen wollen. Wir können den Artenverlust eindämmen und anfangen, den Schaden, den wir an der Erde angerichtet haben, wiedergutzumachen. Man sagt, was uns Menschen von anderen Lebewesen unterscheidet, ist unsere Fähigkeit, in die Zukunft zu denken und aus Ideen eine Wirklichkeit zu erschaffen. Stellen wir uns also eine Welt mit sauberer Luft, reinem Wasser, fischreichen Meeren und einer Landschaft voller Natur vor. Stellen wir uns ein Leben ohne Umweltsorgen vor. Wir alle sind Teil dieser Geschichte und wir alle tragen zu ihrem nächsten Kapitel bei.

---

*Earthrise* – das Foto des Erdaufgangs – wurde auf dem Höhepunkt des Kalten Kriegs aufgenommen, als sich die UdSSR und die USA in einem Wettlauf zum Mond befanden. Die Apollo-8-Mission sollte eigentlich nur Landeplätze ausfindig machen und nicht die Erde fotografieren. Dieser ungeplante Moment zeigte uns jedoch zum ersten Mal die Schönheit der Erde in ihrem gesamten Ausmaß.

Fünfzig Jahre, nachdem das Bild gemacht wurde, sagte Frank Borman: »Sie hätten besser Dichter ins All geschickt, denn ich glaube nicht, dass wir die Erhabenheit von dem, was wir sahen, komplett erfassen konnten.«

Bill Anders, der das Foto knipste, merkte an: »Wir waren von der Schönheit der Erde und ihrer Farbe mitten im dunklen All völlig hingerissen.«

Und Jim Lovell sagte nach der Rückkehr von Apollo 8: »Erst wenn man von hier weg ist, versteht man wirklich, was man hier eigentlich hat.«

# LUFT

Ein rasender Zug bricht durch eine Kulisse aus Bäumen, die im dunstigen Licht einer blassen Sonne verschwimmen. Aus dem Schlot der Lokomotive strömt Dampf, der sich mit den Wolken und dem Regen vermischt. Der Kessel glüht rot und man erkennt ihn inmitten der Rauchschwaden, die über die Brücke ziehen und die bewaldeten Ufer der Themse vernebeln. Der gesamte Zug und die Brücke scheinen aus Rauch zu bestehen, die Wolken und der Himmel aus Dampf. William Turners Gemälde zeigt uns die Zukunft, in die sich die Lok bewegt. Das dunkle Brückengeländer hält sie auf ihrem Weg und die Gleise geben die Richtung vor.

Im Jahr 1840, vier Jahre bevor Turner *Rain, Steam and Speed* malte, wurden weltweit 356 Terawattstunden Strom aus fossilen Brennstoffen erzeugt. Diese Energie bildete das Fundament des neuen industriellen Zeitalters. Im Jahr 2019 waren es 136.761 Terawattstunden.

In den letzten 300.000 Jahren ist der Kohlendioxidanteil der Atmosphäre gestiegen und gesunken und erreichte bis vor Kurzem einen Höchststand von rund 0,03 %. Im Jahr 2020 betrug die Zahl 0,0415 % – eine Zunahme von fast 40 %. Das Kohlendioxid staut die Wärme in der Atmosphäre auf, sodass die Temperatur der Meere steigt und sich das Klima verändert.

Im Laufe von Jahrmillionen sammelte sich der Kohlenstoff aus zerfallenen Organismen in der Erdkruste an und bildete die Masse, die wir ausgraben und verbrennen. Wir verbrennen also nicht nur die Wälder von heute – im Kongo, im Amazonas, in Australien und in Indonesien –, sondern auch jene, die vor Millionen Jahren existierten, und schleudern ihren Kohlenstoff in die Atmosphäre.

*Gefährdete Arten, die Sauerstoff erzeugen, Kohlendioxid absorbieren oder direkt vom Klimawandel beeinflusst werden.*

# PLANKTON

Atmen Sie tief ein.

Die Hälfte des Sauerstoffs, der jetzt Ihre Lunge füllt, wurde von Plankton erzeugt.

Schauen Sie in Ihren Kühlschrank. Haben Sie Meeresfrüchte da? Plankton trug zu ihrer Entstehung bei.

Setzen Sie sich ins Auto. Das Benzin, das den Motor antreibt, würde ohne Plankton gar nicht existieren.

Entnimmt man einen Teelöffel Wasser aus dem Meer und betrachtet ihn unter dem Mikroskop, sieht man unzählige – vielleicht Millionen, vorwiegend durchscheinende – Formen in verschiedenen Größen und Farben. Winzige Kugeln, Röhrchen mit herabhängenden Fortsätzen; Kreise in Quadraten, Quadrate in Kreisen; Dreiecke, Rechtecke; stachelige, hakenbewehrte oder gekräuselte Spiralen; ovale Kränze; gefaltete, geflochtene, gezackte oder kegelförmige Körper mit Antennen; Regenschirme, Armbrüste, Sicheln, Fächer; Fässer mit filigranen Geißeln; kristallartige Prismen; Pfeile und kleine Sonnen. Ein faszinierender Anblick, der fast den Eindruck erweckt, man schaue nicht in ein Mikroskop, sondern durch ein Teleskop direkt in den Himmel: auf Galaxien, Raumschiffe und Planeten, auf denen fremdartige Wesen leben. Aber das Plankton ist nicht fremd. Es gehört zu unserer Welt und wir brauchen es.

Die Vorfahren des Planktons existierten auf der Erde schon vor 3,5 Milliarden Jahren, als das Leben entstand. Damals bestand die Atmosphäre größtenteils aus Methan, Ammoniak, Stickstoff und Kohlendioxid. Das frühe Plankton konnte auch in dieser sauerstoffarmen Umgebung überleben. Es war das erste Lebewesen, das Photosynthese betrieb. Es absorbierte Kohlendioxid, das es in Sauerstoff für andere Organismen umwandelte.

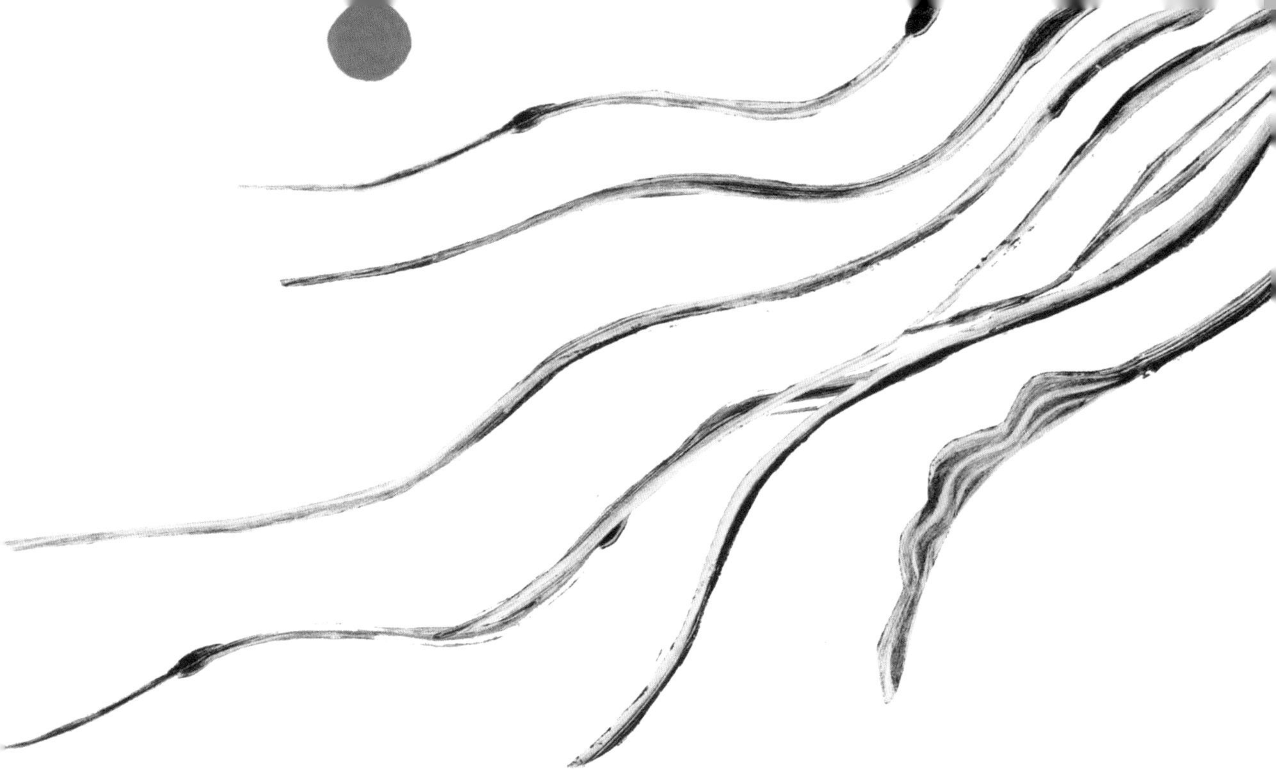

Im Wasser bewegt sich das Plankton flatternd, wirbelnd und pulsierend. Die gläsern wirkenden Körper gleiten geisterhaft dahin und schimmern rosa, violett, blau und orange. Die Meeresströmungen tragen sie durch die Ozeane. Ihr Name kommt vom griechischen Wort *planktos* – »das Umhertreibende«. Auch die Larven der Fische, Seesterne, Tintenfische, Garnelen, Seeigel, Muscheln, Austern, Krebse und Seepocken zählen zum Plankton, bis sie selbstständig schwimmen können. Zusammen bilden sie 98 % der Biomasse in unseren Weltmeeren.

Es gibt zwei wesentliche Kategorien von Plankton. Phytoplankton besteht aus Pflanzen. Diese sind mikroskopisch klein, aber unter bestimmten Bedingungen vermehren sie sich so stark, dass man ihre Masse sogar vom Weltraum aus sehen kann. Ungefähr ein Viertel des Kohlendioxids, das wir erzeugen, wird von den Meeren absorbiert und das meiste davon wandelt das Phytoplankton in Sauerstoff um. Die Meere erzeugen 50–80 % des Sauerstoffs auf der Erde – so viel wie alle Pflanzen und Bäume auf dem Festland zusammen. Das Picoplankton *Prochlorococcus* ist einer der Hauptakteure in diesem Prozess.

Zooplankton besteht aus Tieren: Seeschmetterlinge, Blattwürmer, Seestachelbeeren, See-Engel, Schwebegarnelen, Pfeilwürmer, Wasserflöhe, Rippenquallen, Krill, Schnurwürmer und Gelbe Haarquallen. Sie fressen Phytoplankton und anderes Zooplankton und werden von Walen und Fischen gefressen. Jede Nacht steigt das Zooplankton aus den Tiefen des Ozeans zur Nahrungsaufnahme an die Oberfläche. Es ist die größte gleichzeitige Organismenwanderung der Welt. Manche Tiere sind nur wenige Mikrometer kurz, andere 50 Meter lang. Die Staatsquallen etwa sind länger als Blauwale.

Das Kalziumkarbonat aus den Schalen und Skeletten des Zooplanktons bildet Kalkstein. Vor Millionen von

Jahren verschob sich die Erdkruste, sodass dieses Gestein an die Oberfläche gelangte. Ohne Plankton gäbe es keine Pyramiden, kein Pantheon und keine St Paul's Cathedral. Die Überreste toter Organismen sinken zum Meeresgrund und aus ihrem Kohlenstoff entsteht im Laufe von Jahrmillionen Gas, Kohle und Öl, die wir verbrennen. Bis vor Kurzem konnte das lebende Plankton das dabei entstehende $CO_2$ aufnehmen, aber mittlerweile verbrennen wir seine Vorfahren schneller, als es in der Lage ist, Photosynthese zu betreiben. Das Übermaß an Kohlendioxid erwärmt die Erde und senkt den pH-Wert der Meere. Das saurere Wasser greift wiederum die Schalen des Planktons an.

---

Das Plankton half bei der Entwicklung der Welt, die auch den Menschen hervorbrachte. Selbst seine toten Hüllen tragen zum Erhalt der Biosphäre bei, sodass wir überleben können. Staubfeines Planktonsediment aus Nordafrika düngt den Amazonas-Regenwald. Die Bodélé-Depression ist ein ehemaliger See am südlichen Rand der Sahara. Heute ist sie einer der trockensten Orte der Erde, doch sie enthält noch die Überreste des Planktons, das einst dort lebte. Jedes Jahr weht der Passatwind über die Wüste, nimmt den Staub mit und trägt ihn tagelang mit sich, bis er im Amazonasbecken zu Boden fällt. Der Anteil an Phosphor im Staub gleicht ungefähr die Phosphormengen aus, die Regenfälle dort wegschwemmen.

Krill frisst Phytoplankton. Die Zellwände einiger Planktonarten enthalten das Molekül Dimethylsulfid (DMS), das bei ihrem Zerfall freigesetzt wird. Es gibt dem Meer seinen typischen Geruch. Das DMS steigt in die Atmosphäre auf, wo es Wolken bildet. So hilft das Phytoplankton, die Erde abzukühlen. Seevögel können DMS riechen und wissen sofort, dass das Krill gerade Plankton verspeist. Die Vögel fressen dann das Krill und hinterlassen ihren Kot. Somit beschützen und düngen sie das Plankton, das sie mit seinem Geruch anlockte.

Jedes Jahr gelangen über acht Millionen Tonnen Plastik ins Meer. In manchen Bereichen gibt es bereits sechsmal so viel Mikroplastik wie Plankton.

Das Plankton frisst das Plastik, die Fische fressen das Plankton und wir essen die Fische. Man schätzt, dass die Menge an Plastik, die jeder Mensch pro Woche mit Nahrung und Wasser aufnimmt, dem Gewicht einer Kreditkarte entspricht. Noch einmal die Hälfte davon atmen wir ein. Viele der Partikel enthalten Giftstoffe wie Phthalate und Bisphenol A (BPA), die Bestandteil von Lebensmittelverpackungen sind. Sie wirken wie Hormone und verringern die Fruchtbarkeit. Phthalate erhöhen das Risiko von Früh- und Fehlgeburten, unterdrücken den Eisprung, beeinträchtigen die Gehirnentwicklung von Kindern und werden mit Brustkrebs in Verbindung gebracht. Die Schadstoffe im Plastik hemmen auch das Wachstum und die Photosynthese von *Prochlorococcus*.

Die Plankton-Winzlinge am unteren Ende der Nahrungskette leisten Großes. Sie absorbieren Kohlenstoff, erzeugen Sauerstoff und nähren unsere Nahrung. Damit dieser lebensspendende Prozess auch weiterhin so funktioniert, wie er es seit Millionen von Jahren tut, müssen wir den Lebensraum des Planktons bewahren.

Glauben Sie nie, dass Ihr Beitrag zu unbedeutend ist, um etwas Positives zu bewirken.

# RIESENMAMMUTBAUM

*Sequoiadendron giganteum*

Er sprosste im Jahr 550. Jeder seiner Jahresringe steht für einen Umlauf der Erde um die Sonne – 1341 Zeichen der Zeit. Jeder Ring markiert das Zusammenspiel von Licht, Luft und Wasser. Dieser Mammutbaum wuchs an den Westhängen der kalifornischen Sierra Nevada heran, Tausend Jahre, bevor Christoph Kolumbus Amerika betrat, und weitere 300 Jahre, bevor der Baum 1891 von Siedlern entdeckt und gefällt wurde.

Sein Leben begann als Samen von der Größe einer Haferflocke. Er entwickelte sich zu einem der größten Organismen der Welt: 100 Meter hoch und fünf Meter breit. Über 1000 Jahre lang nahm er rotes Licht und $CO_2$ auf, gab Sauerstoff ab und bot Generationen von Fledermäusen, Flughörnchen, Salamandern, Fröschen, Goldspechten, Käfern, Adlern, Spinnen und Ameisen ein Zuhause. Dann wurde der 1341 Jahre alte Baum in nur acht Tagen gefällt. Der Mammutbaum, der auch »Mark-Twain-Baum« genannt wird, hätte noch 1500 Jahre leben können. Viele Artgenossen in seinem Umkreis wurden ebenfalls abgeholzt und zu Zaunpfählen, Gartenmöbeln, Bleistiften und Streichhölzern verarbeitet. Andere Bäume zersplitterten beim Aufprall, wurden liegengelassen und verrotteten. Ihr Wald heißt heute Big Stump Grove – Hain der großen Stümpfe. Aus dem Stamm eines Baums wurden ein Tanzboden, eine Bowlingbahn und eine Bar gemacht. Fast 170 Jahre später zieht der Ort immer noch Touristen an.

Im Jahr 1891, in dem der Mark-Twain-Baum gefällt wurde, strandete ein Blauwal-Weibchen an der Ostküste Irlands. Ihr 25 Meter langes Skelett wurde vom naturhistorischen Museum in London gekauft und Hope (»Hoffnung«) genannt. Heute hängt sie da, über einer Scheibe Holz aus dem Mark-Twain-Stamm. Seit dem späten 19. Jahrhundert wurden die Blauwalpopulation um 94 % und der Waldbestand um 58 % reduziert – beides verringert die Fähigkeit der Erde, $CO_2$ zu absorbieren.

Mammutbäume entstehen aus Feuer und Schnee. Bei starker Hitze öffnen sich ihre Zapfen und geben die Samen ab. Feuer beseitigt konkurrierende Pflanzen, düngt den Boden und schafft Platz, damit die Sonnenstrahlen die Samen erreichen. Aus der Asche wachsen neue Bäume. Ihre dicke, tief gefurchte Rinde schützt sie vor Flammen und Borkenkäfern – an ihrer breitesten Stelle wird sie bis zu 90 Zentimeter dick.

In jedem Lebensjahr dieses Mammutbaums gab es vier Monate, in denen der Großteil des Niederschlags in der Sierra Nevada in Form von Schnee gefallen war. Zur Schneeschmelze im April sog der Baum die Feuchtigkeit über seine Wurzeln bis in seine Krone hinauf. Das meiste Wasser gelangte wieder in die Atmosphäre – über die Stomata, winzige Poren auf der Unterseite der Blätter. Den Rest verwendete der Baum für die Photosynthese. Der Schnee speichert Wasser und gibt es allmählich wieder ab. Mittlerweile fällt jedoch weniger Schnee, sondern mehr Regen – der den Berg hinabfließt, bevor die Bäume ihn aufnehmen können. Im Sommer, wenn sie am dringendsten Wasser brauchen, ist er dann weg. Ohne Wasser schließen sich die Stomata, um Feuchtigkeitsverlust zu verhindern, aber dann können die Bäume auch kein $CO_2$ mehr absorbieren. Sie können nicht atmen und keine Photosynthese betreiben, was sie anfällig für Schädlinge und Krankheiten macht. Im Jahr 2014 färbten sich die Blätter einiger Mammutbäume braun. Drei Jahre später fielen ihre Äste zu Boden. Sie waren von Käfern zerfressen. Bäume, die Jahrtausende überdauern, sterben innerhalb weniger Jahre. Wenn wir natürliche Waldbrände verhindern, wuchert das Unterholz. Kommt es dann doch zu einem Feuer, wütet es schlimmer und erreicht sogar den oberen Bereich der Rinde, der nicht so dick ist.

Einst war die Nordhalbkugel von Mammutbäumen bedeckt. Heute wachsen sie nur noch auf einem schmalen Streifen im Westen der Sierra Nevada. Wie die Bäume brauchen auch 60 % der Einwohner Kaliforniens den Schnee aus der Sierra Nevada für ihren Wasserbedarf.

Mit dem Fällen der ersten Mammutbäume in den 1850er-Jahren entstanden in den USA auch erste Nationalparks und die Umweltbewegung. Die Bäume wurden wie der Blauwal gerade noch gerettet, aber die Gefahr ist nicht gebannt. Ihre dünnen Jahresringe zeugen vom Klimawandel. Über eine Million Touristen besucht jedes Jahr den Hain. Wie der Sternenhimmel oder die Einsamkeit der Berge erinnert uns die stumme Präsenz der Bäume an die Natur, von der auch wir ein Teil sind.

# CHACO-PEKARI

*Catagonus wagneri*

Das Pekari hat langes, borstiges Fell. Seine Beine sind im Vergleich zum stämmigen Körper fast zierlich. Es sieht niedlich aus mit seinen schwarzen Knopfaugen, die aufgeweckt aus dem bärtigen Gesicht gucken.

Pekaris sind Nabelschweine. Sie sind gesellig und leben in Gruppen ohne Rangordnung. Sie kommunizieren durch Grunzen, Husten, Bellen und Zähneklappern. Ihr Magen besteht aus zwei Kammern und enthält die richtige Mikroflora, um die dornigen Pflanzen des heißen, trockenen Gran Chaco zu verdauen – und auch die Früchte, Wurzeln und Knollen, zu denen sie ihr scharfer Geruchssinn führt. Ihre Zähne greifen ineinander, sodass sie auch harte Nüsse knacken können. Die Früchte der Kakteen werden erst über den Boden gerollt, damit die Stacheln abbrechen. Die Nieren der Pekaris verarbeiten die Säure aus den Kakteen. Auf diese Weise decken die Tiere den Großteil ihres Flüssigkeitsbedarfs. Mineralstoffe finden sie in den Hügeln der Blattschneiderameisen.

Die Stachelgewächse, die im Chaco wachsen, schützen sie auch vor dem Jaguar und dienen als schattige Zuflucht vor der Hitze. Für die Satelliten, die 595 Kilometer über ihnen kreisen, sind die Pekaris unsichtbar.

Die Bilder dieser Satelliten sollten den Chaco als durchgehende Grünfläche zeigen – ein riesiger Wald, der sich von Südbolivien durch Westparaguay weit nach Argentinien erstreckt. Heute sieht man jedoch auch beige und gelbe Bereiche. Zoomt man ins Bild, erkennt man lauter Vierecke. Dort wurden Bäume zur Holzgewinnung gefällt und die restlichen Pflanzen abgebrannt, um Platz für die Rinderzucht und den Anbau von Sojabohnen zu schaffen. Der Lebensraum der Pekaris und Tausender anderer Arten wird immer kleiner. Nur noch 250 Jaguare sollen dort leben. Zwischen 1985 und 2016 wurden über 130.000 km² Land im Chaco zerstört – eine Fläche, die größer ist als England.

Ein Großteil der Sojabohnen, die in die EU importiert werden, kommt aus Südamerika. Das Sojaöl für unsere Lebensmittel wird mithilfe von Lösungsmitteln extrahiert, unter anderem durch Hexan, das nachweislich Nervenschäden verursacht. Spuren davon, wie auch von Aluminium und Nickel, verbleiben in der Nahrung. Viele der Sojabohnen aus dem Chaco sind gentechnisch verändert und werden mit dem krebserregenden Herbizid Glyphosat behandelt. In Europa dient dieses Soja vorwiegend als Futtermittel für Nutztiere, ist aber auch in Haustierfutter, Antibiotika, Putzmitteln, Farben, Polyestern, Pestiziden und im Straßenasphalt enthalten.

Bis 1971 kannte man das Chaco-Pekari nur aus Fossilienfunden. Man hielt es für ausgestorben, aber in der Abgeschiedenheit seines Waldes lebte es acht Millionen Jahre lang. Wir Menschen brauchten kaum 50 Jahre, um die Existenz dieser Art zu gefährden.

# TRISTANPINGUIN

*Eudyptes moseleyi*

Was macht diesen Pinguin so possierlich? An Land bewegt er sich mit dem typischen Watschelgang und er hat wie alle Pinguine ein schwarz-weißes Federkleid, das an einen altmodischen Frack erinnert.

Von allen Schopfpinguinen hat der Tristanpinguin die längsten Kopffedern. Sie sind leuchtend gelb, fast neonfarben, und bilden einen starken Kontrast zum schwarzen Gesicht und Kopf des Pinguins, der dieses extravagante Merkmal stolz zur Schau trägt.

Im Wasser verwandelt sich sein Körper zu einem anmutigen, stromlinienförmigen Torpedo. Seine Schopffedern fließen wie Rennstreifen neben ihm her und seine ausgestreckten Füße dienen als Paddel. Seine Flossen, die nicht zum Fliegen taugen, sind mit einer ausgeprägten Schulter- und Brustmuskulatur verbunden und kräftiger als die Flügel eines Vogels der Lüfte. Sie treiben den Pinguin bei der Aufwärts- und bei der Abwärtsbewegung an, was ungewöhnlich ist. Während der ausgedehnten Futtersuche machen die Tristanpinguine Hunderte Tauchgänge am Tag. Um Feinden aus dem Weg zu gehen, springen sie wie Delfine in die Luft und tauchen wieder anmutig ins Wasser.

Die Tristanpinguine brüten auf zwei abgeschiedenen Inselgruppen: auf Tristan da Cunha, Nightingale und Gough im Südatlantik; und auf Sankt Paul und Amsterdam im südlichen Indischen Ozean. Nach fünf Monaten und Tausenden Kilometern, die sie im Meer verbringen, kehren sie Ende August in ihr Brutgebiet zurück. Im flotten Tempo schwimmen sie auf die Insel zu, reiten auf den Wellen und werfen sich – durch die Kraft des Wassers angeschoben – auf die Felsen, wo sie meist bäuchlings landen. Sie rappeln sich auf und hüpfen von Stein zu Stein, mit den Flossen und ihren Patschfüßen balancierend, zu ihren Nistplätzen. Diese befinden sich auf Sankt Paul bis zu 170 Meter über dem Meer. Manchmal werden die kleinen Tiere zu Beginn ihres Aufstiegs von einer Welle weggerissen oder fallen wiederholt von den steilen Felsen. Doch sie klettern entschlossen und nahezu heldenhaft weiter, unbeeindruckt von der Höhe der Küste oder dem Tosen der Brandung.

Als Erstes kommen die Männchen an der Küste an. Eilig versuchen sie, ihren alten oder einen besseren Brutplatz in Beschlag zu nehmen. Die Weibchen treffen zehn Tage später ein. Das Nest wird aus Zweigen und kleinen Steinen auf felsigem Untergrund gebaut. Das Männchen bringt das Material und das Weibchen baut. Dann beginnt das Balzritual, bei dem sich das Männchen verbeugt, seinen Schopf schüttelt und mit zurückgelegtem Kopf und offenem Schnabel in den Himmel ruft. Hat das Weibchen Interesse, antwortet es.

Das Pinguinpaar kümmert sich hingebungsvoll um die Aufzucht der Jungen. Einen Monat nach der Ankunft des Männchens auf der Insel legt das Weibchen zwei Eier. Bis zu diesem Zeitpunkt haben beide Eltern nichts gefressen. Nun sitzt immer ein Vogel auf dem Nest, während der andere wochenlang nach Nahrung sucht. Die frisch geschlüpften Jungen tragen ein Daunenkleid. Wenn sie zu groß für das Nest werden, gesellen sie sich zu anderen Jungpinguinen auf der Insel. Dann können sich beide Eltern auf Futtersuche begeben.

Seit den 1990er-Jahren ist die Population der Pinguine drastisch geschrumpft. Einer der Gründe ist der wachsende Schiffsverkehr zwischen Südamerika und China sowie die ständige Gefahr einer Ölpest. Im Jahr 2011 war die *Oliva*, beladen mit einer Fracht von 65.000 Sojabohnen, aus dem brasilianischen Santos unterwegs nach China. Vor der Insel Nightingale lief sie auf Grund und zerbrach. Dabei flossen 1500 Tonnen Öl ins Meer. Bewohner der Insel Tristan da Cunha segelten über 30 Kilometer weit, um die Pinguine zu retten. Sie nahmen 4000 Tiere mit und brachten sie in einem Schwimmbad unter. Wie viele andere Vögel starben und wie stark sich die Verschmutzung auf das Brutverhalten der Pinguine auswirkt, ist noch nicht bekannt.

Mittlerweile sind das Stehlen von Eiern und der Einsatz von Pinguinen als Fischköder verboten, aber diese lokalen Maßnahmen verhindern nicht das globale Problem. Aufgrund der Erwärmung der Meere könnte sich die Nahrung der Pinguine – Krill und Tintenfische – von den Inseln wegbewegen und die Pinguine, die dort brüten, hätten nicht mehr genug zu fressen.

Auch die Nachfrage nach Fischöl aus Krill für die westliche Welt nimmt den Pinguinen das Futter weg. Im Jahr 2020 wurde die Inselgruppe Tristan da Cunha zum 700.000 km² großen Meeresschutzgebiet erklärt, um den Lebensraum des Schlegelsturmvogels, des Breitnasen-Siebenkiemerhais, des Gelbnasenalbatros und natürlich der Tristanpinguine zu bewahren.

# PAZIFISCHES WALROSS

*Odobenus rosmarus divergens*

Wassermoleküle werden durch Bindungen, die sich ständig umbauen, miteinander verknüpft. Wenn Wasser gefriert, werden die Bindungen stärker und ein hexagonales Gitter entsteht: der Eiskristall. Da Eis eine geringere Dichte hat als Wasser, ist es leichter. Eisflächen dehnen sich aus und treiben auf dem Wasser. Stoßen sie gegeneinander, entsteht Presseis. Rutschen sie untereinander, bilden sich Eisschollen.

Auf diesen lebt das Pazifische Walross. Hier ruht es und von hier aus geht es auf Beutezug. Unter seiner zwei bis vier Zentimeter dicken Haut befindet sich eine zehn Zentimeter dicke Fettschicht, die es vor der eisigen Kälte schützt und als Energiespeicher dient. Auf Inseln aus Eis rekeln sich die Walrosse. Manche schmiegen sich aneinander, um Wärme zu konservieren, andere beobachten mit erhobenem Kopf wachsam die Umgebung. Ihre zimtbraunen und rosa Farben beleben die arktische Kulisse aus kühlem Weiß, Grau und Blau.

Ihre Schnauzen sind von borstigen, hochsensiblen Tasthaaren bedeckt. Eine Mutter und ihr Junges streicheln und küssen sich damit zart. Die Stoßzähne, in die das Walross sein massives Gewicht legt, dienen der Verteidigung. Selbst die Eisbären, die in der Arktis an der Spitze der Nahrungskette stehen, würden ein ausgewachsenes Walross nicht so einfach angreifen.

Männliche Walrosse bezirzen die Weibchen mit ihrem Gesang. Das Balzritual kann über zweieinhalb Tage dauern. Werfen die Weibchen, verlassen sie die Herde und gebären das Kalb allein auf dem Eis. Das Junge wird unter Wasser gesäugt und dabei von der Kuh liebevoll in den Flossen gehalten. Im Alter von fünf Monaten können die Kälber tauchen und selbst nach Futter suchen, bleiben aber zwei bis drei Jahre lang beim Muttertier.

Im Meer wird das bullige Walross eins mit dem Wasser. Sein Körper windet sich anmutig durch das Nass, gelenkt von den Flossen. Es verlangsamt seinen Herzschlag, sodass die Sauerstoffversorgung im Körper reduziert wird – ausgenommen im Gehirn und im Herz – und es bis zu 37 Minuten lang tauchen kann.

Auf dem Meeresgrund durchwühlt das Walross mit seinen Flossen den Schlamm, pustet ihn weg und tastet mit seinen Barthaaren nach Würmern, Seegurken und Schalentieren, die es mit dem Mund aus der Schale saugt. Pro Tauchgang frisst es rund 50 Muscheln. Seine Stoßzähne geben ihm seitlich Halt, während es mit der Schnauze flach über den Boden fährt und dabei ganze Wolken aus Sediment aufwirbelt.

Wenn sich das Walross dann wieder an Land schleppt, ähnelt es einem Astronauten, der beim Eintritt in die Erdatmosphäre plötzlich nicht mehr schwerelos

ist. Die Vorderflossen drehen sich zur Seite und die Hinterflossen klappen nach vorn. Die Bewegungen an Land wirken schwerfällig und ungelenk, aber nur hier kann das Walross atmen.

Die Arktis erwärmt sich schneller als der Rest der Erde. Die Eisgrenze rückt immer weiter nach Norden und befindet sich nicht mehr über den seichten Futterplätzen der Bering- und der Tschuktschensee, sondern im tiefen Wasser, wo die Walrosse nicht mehr tauchen können. Die Kühe und Kälber werden an Land gedrängt, wo dann Zehntausende Walrosse auf den Felsen liegen – so dicht gedrängt, dass die hinteren Tiere über die Leiber der vorderen robben müssen, um zum Meer zu gelangen. Selbst für die geselligen Walrosse sind solche Massenkolonien purer Stress. Manchmal flieht die ganze Herde panisch zappelnd ins Wasser. Dabei fließt Blut und viele Jungtiere werden im Gedränge zerquetscht.

Um mehr Platz zu haben, schleppen sich manche Walrosse qualvoll die 25 Meter hohen Klippen hinauf. Aber die Tiere sehen schlecht, sodass sie auf dem Rückweg zum Meer oft von den Klippen stürzen und mit gebrochenen Knochen auf den Felsen verenden.



Die schmelzende Arktis ist auch für den Rest der Welt ein Problem, da die Polkappen die Temperatur auf der Erde beeinflussen. Das arktische Eis reflektiert die Sonne und kühlt die Erdoberfläche, aber das dunklere Meer nimmt Wärme auf, wodurch noch mehr Eis schmilzt. Seitdem die NASA im Jahr 1979 begann, die Eisdecke mithilfe von Satelliten zu vermessen, ist das Sommereis der Arktis um 40 % zurückgegangen. Wenn weniger Wasser gefriert und mehr Eis schmilzt, verlangsamen sich die Meeresströmungen, was Wetterextreme zur Folge hat.

Das System der Meeresströmungen, zu dem auch der Golfstrom gehört, ist heute um 15 % schwächer als in den letzten 1600 Jahren. Während die Eisdecke schmilzt, werden bereits Pläne gemacht, im Lebensraum der Walrosse nach Öl zu bohren. Dadurch würde noch mehr $CO_2$ in die Atmosphäre gelangen.

# SINAI-BLÄULING

*Pseudophilotes sinaicus*

Rund um das Kloster scheint nichts außer Sand und Felsen zu sein – und der Garten. Unter den dunkelgrünen, aufragenden Zypressen sieht man Bäume, die alte Obstsorten tragen, und die Spitzen von Pflanzen. Die Gartenmauern folgen einem Wasserlauf, der zur Zeit ausgetrocknet ist. Sie sind gerade hoch genug, um die Ziegen der Beduinen fernzuhalten. Das Grün des Gartens gibt auf den ersten Blick Rätsel auf.

Hinter dem Kloster erhebt sich der Berg Sinai, wo vor 600 Millionen Jahren der flüssige Erdkern aus dem Gestein brach. Ein Mahnmal an den Zorn Gottes. Das alte Gemäuer an seinem Fuß ist ein Gebet an die Stille. Im Inneren findet noch immer jeden Tag der Gottesdienst statt – seit Justinian I. das Kloster im 6. Jahrhundert über einer Quelle errichten ließ.

In den Tälern der Umgebung wächst der Sinai-Thymian. Die runden Sträucher mit den blassen, bläulich grünen Blättern blühen im Mai und Juni. Sie bilden den Lebensraum für den Sinai-Bläuling, der zu den kleinsten Schmetterlingen der Welt zählt. Mit einer Flügellänge von nur 7,5 Millimeter ist er kleiner als ein Daumennagel. Sein Körper ist von feinen blauen Härchen bedeckt. Auch seine Flügel sind blau: blass wie der Himmel am Horizont, wenn sie geschlossen sind, aber leuchtend azurblau, wenn sie ausgebreitet sind und ihre Farben einander verstärken. Die Schmetterlinge wirken wie kleine Stücke Himmel, die sich auf den Pflanzen tummeln. Auf ihren Flügeln befinden sich dunkle Flecken von der Größe ihrer schwarzen Augen.

Sobald sie aus ihren Kokons geschlüpft sind, flattern Männchen und Weibchen auf den Thymian, wo sie ihre Flügel trocknen lassen. Dort balzen sie und paaren sich auch. Am nächsten Tag legt das Weibchen 20–30 Eier auf die Knospen. Die ausgewachsenen Schmetterlinge saugen Nektar aus den Blüten. Nach ein paar Tagen schlüpfen die Larven aus den Eiern und ernähren sich von den Blättern und Blüten.

Diese Raupen erzeugen Nektar, den die schwarze Ameise *Lepisiota obtusa* erntet. Im Austausch beschützt sie die Larven vor einer anderen Ameisenart, *Crematogaster aegyptiaca*. Nach 21 Tagen kriechen die Raupen zu den Wurzeln des Thymians und verpuppen sich unter der Erde. Sie überwintern in ihrem Kokon, bis der Kreislauf erneut beginnt. Die Sinai-Bläulinge brauchen den Sinai-Thymian, um zu überleben. Sie sind in der Luft nicht allzu stark und fliegen selten weiter als 230 Meter. Zwischen den Flecken, die mit Thymian bewachsen sind, liegt oft ein größerer Abstand, und wenn ein Bereich verdorrt, sterben viele seiner Bläulinge. Abgesehen von einigen Kolonien in Palästina und Saudi-Arabien wächst der Thymian nur auf einem kleinen Gebiet in der Nähe des Klosters und der Sinai-Bläuling bewohnt nur 33 von 50 Thymianflächen. Der Sinai-Thymian gilt als Heilkraut und wurde darum im Übermaß gepflückt. Zwar erklärte man 1998 die Umgebung des Klosters einschließlich vieler Thymianflächen zum Schutzgebiet, aber gegen den Klimawandel sind solche Gesetze leider machtlos.

Das Gebiet trocknet aus und die Blütezeiten verändern sich. Die Larven, die gegen Ende der Saison schlüpfen, haben dann weniger Nahrung und geringe Überlebenschancen. Bald ist das Klima vielleicht zu heiß für diesen Thymian und andere gefährdete Arten, wie die Sinai-Wildrose, die Sinai-Primel und das Sinai-Brandkraut.

Es ist uns gelungen, das Kloster und seine Bibliothek jahrhundertelang zu erhalten. Wie schön wäre es doch, wenn auch der Sinai-Bläuling noch viele weitere Generationen überleben könnte.

# KOALA

*Phascolarctos cinereus*

In der Traumzeit der Aborigines ist Koobor ein armer Waise, der Durst leiden musste und von seinen Verwandten getötet wurde. Sein geschundener Körper verwandelte sich in einen lebendigen Koala. Er warnte seine Mörder, dass sie die Koalas zwar jagen, ihnen aber nie vor dem Kochen die Haut abziehen durften oder das Land würde von verheerenden Dürren heimgesucht.

Dieses Tabu schützte die Koalas eine lange Zeit, bis im 18. Jahrhundert neue Siedler ankamen, die Koobors Gesetz nicht kannten. Im Jahr 1919 wurden über eine Million Koalas wegen ihrer Pelze gehäutet.

---

Der Koala kommt nur in Australien vor und ist die einzige noch lebende Art aus der Familie Phascolarctidae. Koalas leben in Gruppen und jedes erwachsene Tier hat sein eigenes Revier. Die Reviere der Weibchen überschneiden sich mit dem eines dominanten Männchens. Die Männchen markieren ihre Bereiche mit einem Sekret aus der Brustdrüse, das sie an Baumstämme reiben.

Das Junge ist bei der Geburt nackt und blind und hat die Größe einer Erdnuss mit Schale. Von Instinkt und Geruch geleitet, klettert es in den Beutel seiner Mutter, wo es sechs Monate lang bleibt. Wenn es vorsichtig beginnt, seine Umgebung zu erkunden, auf Bäume zu klettern und die besten Blätter zu erschnuppern, bleibt es anfangs in der Nähe der Mutter. Die beiden kommunizieren, indem sie ihre Nasen zueinander führen. Das Weibchen hat ungefähr alle zwei Jahre ein Junges.

Koalas sind auf die Eukalyptuswälder angewiesen. Da die Blätter nicht sehr gehaltvoll sind, müssen die Tiere große Mengen davon verzehren und 18–20 Stunden am Tag ruhen. Von über 600 australischen Eukalyptusarten fressen die Koalas nur etwa 30 Sorten. Sie erkennen die nahrhaftesten Blätter und Bäume, die oft auf den Gebieten der Menschen wachsen. Bei Hitze legen sich die Koalas mit dem Bauch auf einen Ast, was ihnen 68 % Abkühlung verschafft. Zusammen mit der Feuchtigkeit in den Eukalyptusblättern reicht ihnen das aus, sodass sie die Bäume nicht oft verlassen und auf die Suche nach Wasser gehen müssen. Beim Stamm der Darug nennt man sie *gula*, »kein Wasser«, von dem sich das Wort »Koala« ableitet. Ihr wissenschaftlicher Name bedeutet »aschgrauer Beutelbär«.

---

Seitdem gegen Koobors Gesetz verstoßen wurde, sind viele Jahre vergangen. In den 1970er-Jahren fingen die Temperaturen an zu steigen. Mittlerweile ist das Land viel trockener und die Wälder fangen leichter Feuer. Bei den Buschbränden in den Jahren 2019 und 2020 wurden Tausende Koalas und Hunderttausende andere Tiere schwer verbrannt. Viele von ihnen starben. Kamele wurden auf der Suche nach Wasser von Hubschraubern aus erschossen. Millionen Tonnen Kohlendioxid gelangten in die Atmosphäre. Mehr $CO_2$ lässt die Eukalyptusbäume schneller wachsen, was die Blätter weniger nahrhaft macht. Die Koalas haben aber nicht die Darmkapazität, um noch größere Mengen zu fressen. Ihnen droht der Tod durch Mangelernährung.

Im Jahr 2012 waren 40 % der australischen Wälder und 80 % der Eukalyptusbäume abgeholzt. Auch das Gesetz zum Schutz der Umwelt und Biodiversität aus dem Jahr 1999 konnte nicht verhindern, dass sich die Waldzerstörung in Queensland mehr als verdreifachte. In New South Wales und Victoria sieht es ähnlich aus.

Während ich schreibe, wüten Waldbrände in Nordamerika, Algerien, Italien, Griechenland, Sibirien und in der Türkei. Rauch bedeckt Russland und erreicht erstmals seit Beginn der Aufzeichnungen den Nordpol.

EINIGE DER ARTEN, DIE DURCH DIE BUSCHBRÄNDE IN AUSTRALIEN GEFÄHRDET SIND

# PUERTO-RICO-AMAZONE

*Amazona vittata*

Mit einem Auge schaut er dich an. Das zweite blickt in die entgegengesetzte Richtung und sieht mit seiner anderen Kopfseite, was du siehst. Er behält dich im Auge, und in was für einem: Die große schwarze Pupille und die dünne gelbe Iris sind von einem mandelförmigen weißen Augenring umgeben. Die Form erinnert an ein menschliches Auge. In diesem langen Blick, den kein Blinzeln unterbricht, liegt ein Anflug eines Lächelns.

Trotz seines starren Schnabels hat der Papagei ein umfangreiches Repertoire an Gesichtsausdrücken: vorsichtig, empört, fragend, erwartungsvoll, interessiert – sogar vorwitzig, als wolle er ein Gespräch anfangen. Der Schnabel dient zum Fressen, Nüsseknacken und als Kletterhilfe. Das leuchtend grüne und blaue Gefieder wirkt fast schillernd und wird zum Schwanz hin blasser.

Nun blickt er dich mit beiden Augen an, als würde er um eine zweite Meinung fragen. Wie ein Zauberkünstler, der seinen Umhang schwungvoll über die Schulter wirft, breitet er seine Flügel aus. Das Blau seiner Federn erinnert an Inselbuchten und den wolkenlosen Tropenhimmel. Der Papagei flattert ein paar Mal und erhebt sich dann in die Lüfte, vom warmen Wind getragen.

Er sucht nach Futter für sein Weibchen, das in einer Baumhöhle auf drei weißen Eiern sitzt. Puerto-Rico-Amazonen gehen lebenslange Partnerschaften ein. Bei der Balz imponieren sie einander durch einen Tanz.

Oft fallen Amazonen invasiven Arten zum Opfer, etwa der Hausratte und dem Goldstaubmungo. Aber der Hauptgrund für den Rückgang der Papageien-Population ist die Vernichtung ihres Lebensraums.

Seit 1650 ist die Bevölkerungsdichte auf Puerto Rico stark angestiegen. Die Wälder der Papageien wurden gerodet, um Platz für den Anbau von Zuckerrohr, Zitrusfrüchten und Kaffee zu schaffen. Nur noch 0,2 % der ursprünglichen Flächen sind vorhanden. Durch Zucht in Gefangenschaft wurde die Anzahl der Amazonen allmählich gesteigert, aber die Zuchtpapageien entwickeln einen anderen Dialekt, wodurch es ihnen schwerer fällt, sich wildlebenden Artgenossen anzuschließen.

Aufgrund der erhöhten $CO_2$-Konzentration erwärmen sich die Meere und die Luftfeuchtigkeit steigt an. Es kommt häufiger zu verheerenden Hurrikans. Ein solcher Wirbelsturm kann die Energie von 10.000 Atombomben freisetzen. Der Regen wird so stark durch die Bäume gedrückt, dass er zerstäubt. Die Palmkronen klappen wie windgebeutelte Regenschirme nach hinten. Die Bäume verlieren ihre Blätter, ihre Spitzen werden umgeknickt und ihre Äste abgerissen. Im Jahr 1989 reduzierte Hurrikan Hugo den Bestand an wildlebenden Amazonen auf 23 Vögel.

Die Puerto-Rico-Amazonen in Gefangenschaft haben heute sturmsichere Unterschlüpfe. Ihre Existenz hängt an einem Zuchtprogramm, das Millionen Dollar kostet. Ein schwacher Ersatz für die Wälder, in denen die Papageien bis Mitte des 19. Jahrhunderts in großer Zahl leben und gedeihen konnten.

# ATLANTISCHER NORDKAPER

*Eubalaena glacialis*

Ihr Leben in den Weiten der Meere beflügelt unsere Fantasie. Sie sind ebenfalls Warmblüter, sie atmen die gleiche Luft wie wir und sie gründen Familien und führen lebenslange Beziehungen. Sie spielen, umarmen sich, lernen eine Sprache und singen einander vor. Wir haben ihren Bestand fast komplett ausgelöscht und dennoch betrachten sie uns mit freundlicher Neugier.

Der Atlantische Nordkaper gleitet durchs Wasser, von seiner kräftigen Schwanzflosse angetrieben. Seine biegsame Wirbelsäule und die starke Rückenmuskulatur ermöglichen es ihm, zu tauchen, sich nach hinten zu verbiegen und anmutig mit der Schwanzflosse zu wedeln. Sein Kopf macht ein Drittel seiner Gesamtlänge aus und in seinem Oberkiefer stehen dicht gedrängt bis zu 540 Barten aus Keratin, jede davon zwei Meter lang. Wie große Siebe filtern sie das Plankton aus jedem gewaltigen Schluck Wasser, den der Wal nimmt. Sein Körper ist von rauen, weißen Flecken überzogen: Flächen aus Seepocken und Walläusen, die auf seiner Haut leben.

Die Brustflossen der Wale hängen am Bauch. Einst bildeten sie die Glieder, auf denen ihre Vorfahren vor 53 Millionen Jahren an Land wandelten. Während wir uns aus Primaten entwickelten, machten die Wale einen gewaltigen Evolutionssprung vom wolfsartigen, vierbeinigen, fischfressenden *Pakicetus* zu einem der größten Tiere, das je lebte und das sich ausschließlich im Wasser aufhält. Statt Fell wuchs ihnen eine Speckschicht, der Blubber, und ihr Schwanz verflachte zu einem Dreieck. Die Nase saß nun auf dem Kopf. Zähne und Hinterbeine wurden überflüssig, stattdessen wuchs ihr Körper immer weiter. Ihre Ohrkapsel ähnelt jener von *Pakicetus* und ist auf das Hören unter Wasser ausgerichtet.

Im 19. Jahrhundert wurden jedes Jahr Zehntausende Wale aller Arten getötet. Von Dampfschiffen aus beschoss man sie mit Harpunen, die in ihren Körpern explodierten. Aus dem honigfarbenen Tran, den man aus ihrem Blubber gewann, stellte man Lampenöl, Seife, Margarine und bei General Motors bis 1972 auch Getriebeöl her. Aus dem Fischbein fertigte man Korsetts, Regenschirme, Wünschelruten, Zungenschaber, Polizeischlagstöcke, Hutkrempen und Peitschen.

Im 20. Jahrhundert wurden fast drei Millionen Wale getötet, bevor der kommerzielle Walfang 1986 auf der ganzen Welt verboten wurde. Seitdem haben einige Länder die internationale Walfangkommission verlassen und 40.000 weitere Wale abgeschlachtet. Mit ihren Hoden wird Bier aromatisiert und ihr Fleisch landet als Zutat in Luxus-Hundefutter.

*Eubalaena glacialis* galt als beste Art für den Walfang, da die Tiere sanftmütig sind, langsam an der Oberfläche schwimmen und, wenn sie tot sind, auf dem Wasser treiben. Andere Wale musste man erst mit Luft vollpumpen, bevor man sie an Land ziehen konnte. Heute gibt es weltweit nur noch 356 Atlantische Nordkaper, davon etwa 100 zuchtfähige Weibchen.

Im Winter schwimmen die trächtigen Weibchen von den Futterplätzen vor der Küste Kanadas und der nordöstlichen USA über 1600 Kilometer weit, um im seichteren, wärmeren Meer bei South Carolina, Georgia und Florida zu gebären. Im Frühling kehren sie in den Norden zurück. Die Mütter behalten die Kälber ein Jahr lang bei sich. Wo sie sich fortpflanzen, weiß niemand.

Aufgrund der steigenden Meerestemperaturen wandert das Zooplankton *Calanus finmarchicus*, eine Nahrungsquelle des Nordkapers, weiter nach Norden. Die

Wale folgen ihm in belebtere Gewässer, die weniger streng reguliert sind. Dort rammen Schiffe ihre Schädel und ihren Rücken. Schiffsschrauben schneiden ihnen die Flossen ab. Am stärksten gefährdet sind die Muttertiere, die nahe der Oberfläche gebären, und die Kälber, die noch nicht gelernt haben, zu tauchen.

Die Wale verheddern sich in Fischernetzen, die ihre Mäuler bis auf den Knochen aufschneiden. Manchmal verwächst ihre Haut mit einer Schnur, an der ein schwerer Köder hängt. Den müssen die Wale dann ihr restliches Leben hinter sich herziehen, sodass sie nicht mehr richtig fressen, schwimmen oder ihre Kälber säugen können. Oft schaffen sie es nicht mehr, zum Atmen aufzutauchen, und sie ertrinken.

Eine Studie aus dem Jahr 2021 sieht einen Zusammenhang zwischen der Anzahl der Nordkaper, die sich in Fischernetzen verfangen, und ihrer schrumpfenden Durchschnittslänge, die einen Meter kürzer ist als jene der Wale, die vor 40 Jahren geboren wurden. Jüngst wurde ein Wal entdeckt, den die Schnüre der Netze bei lebendigem Leibe gehäutet hatten. Während er starb, wurde er bereits von Parasiten zerfressen.

Auch Lärm ist eine Bedrohung für die Wale. Unter der Meeresoberfläche hört man Eis knacken, Korallen knistern, Schellfische klopfen, Froschfische grunzen, Knurrhähne gackern, Seepferdchen klicken, Knallkrebse knallen, Seeigel knarren, Bartmännchen hämmern und Wale singen. Manche Walarten feilen tagelang an ihren Melodien: Je dynamischer der Klang, desto besser. Buckelwale aus derselben Familie singen auch dasselbe Lied. Ein Gesang kann 30 Minuten dauern und den ganzen Tag lang immer wiederholt werden. Eine neue Komposition wird über Generationen, Familien und Ozeane weitergegeben, bis sie jeder männliche Buckelwal singt. Im Zwielicht von 200 Metern Tiefe ersetzen Töne das Sehen. Die Buckelwalmütter flüstern zu ihren Kälbern. Als die Meere noch unberührt waren, verständigten sich Blauwale über den gesamten Atlantik hinweg. Der Ruf des Nordkapers ist ein tiefer, pulsierender Rhythmus. Schiffsmotoren und Schiffsschrauben, Explosionen, Sonar und Bohrungen auf dem Meeresgrund: Der Lärm übertönt den Gesang der Wale. Die Tiere verlieren die Orientierung und werden beim Fressen, Schlafen und bei der Partnersuche gestört. Mütter und Kälber verlieren einander. Es gibt keinen ruhigen Ort mehr. Sonarsignale können bei Walen innere Blutungen verursachen. Sie stranden, ihre Augen und Ohren voller Blut.

---

Die Wale düngen das Phytoplankton durch ihre Ausscheidungen und sie fressen Krill, der sich von Phytoplankton ernährt. So erhalten sie den Planktonbestand. Die Schwimmbewegungen der Wale ziehen das Phytoplankton nach oben ans Licht, wo es Photosynthese betreiben kann. Je mehr Wale es gibt, desto mehr Plankton und desto weniger $CO_2$ gibt es. Wale können Kohlenstoff in ihrem Körper speichern. Wenn sie sterben, sinkt er auf den Meeresboden. Gäbe es so viele Wale wie vor dem Walfang, könnten sie das Äquivalent der jährlichen $CO_2$-Emissionen Brasiliens speichern.

Manche der heutigen Wale stammen noch aus einer Zeit, als die Ozeane voller Leben waren und es kein Plastik gab. Das Erdöl war noch unberührt und die einzigen Geräusche stammten von den Tieren. Im Zeitraum eines Menschenlebens könnten die Nordkaper aussterben.

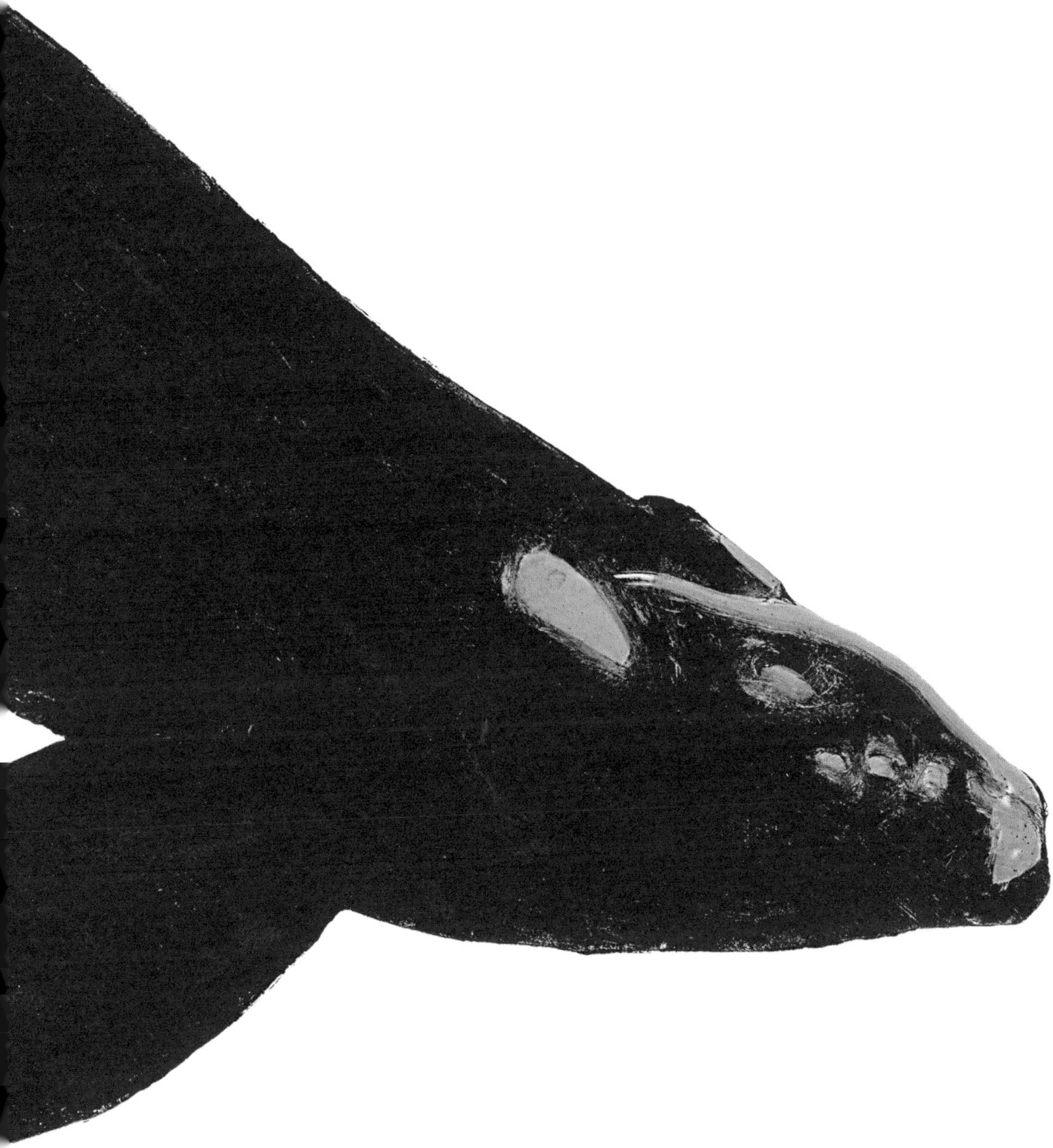

# PARANUSSBAUM

*Bertholletia excelsa*

Es herrscht Regenzeit. Hoch über dem Waldboden, im Baumkronendach, steht der Paranussbaum in voller Blüte. Auf gleicher Höhe beäugt eine Harpyie die Wipfel. Sie ist groß, mit dunkelgrauen Rückenfedern, einem Hakenschnabel und einem aufgestellten Federschopf, der an den Kopfschmuck eines Inkagotts erinnert. Ihre Krallen sind so lang wie die eines Bären. Sie gehört zu den größten Greifvögeln der Welt und ist vom Aussterben bedroht. Wenn die Blätter einer Million Bäume ihre Wassermoleküle an die Atmosphäre abgeben, steigt Nebel auf. Wo das Licht der Morgensonne auf ihn fällt, glüht er aprikosenfarben. Die Luft ist erfüllt vom Krächzen der Aras, dem Keckern der Affen, dem Gesang der Vögel und den fremden Lauten unbekannterer Tiere.

Die neuen Knospen am Paranussbaum sind oval und von einem zarten Blassgrün. Die älteren sind zu pastellgelben Bällchen angewachsen. Weiter unten haben sich größere Knospen geöffnet: Sechs Blütenblätter umgeben wie eine Haube ein siebtes, kuppelförmiges Blatt, das die dunkelgelben Staubblätter bedeckt.

Selbst so früh am Morgen erklingt schon lebhaftes Summen. Eine Holzbiene schiebt sich geschickt zwischen die Blütenblätter und die Kuppel. Mit ihren Beinen und ihrem Körpergewicht drückt sie diese Haube zur Seite und zwängt sich in die Blüte, um Nektar zu sammeln. Beim Herauskrabbeln fährt sie sich mit den Vorderbeinen über die Augen und reibt die Pollen in die Härchen auf ihrer Brust, die nun fast wie die Staubblätter aussehen. Ihre glänzenden Flügel blitzen kurz auf, dann ist die Biene weg, auf dem Weg zur nächsten Blüte. In der Nähe macht eine Prachtbiene ihre Arbeit. Auch sie wird vom Nektar der Paranussblüte angelockt. Man sieht nur ihr Hinterteil und ein Paar kleine Beine.

Diese beiden Bienenarten sind die Hauptbestäuber des Paranussbaums. Sie leben solitär und können nicht gut in Bienenstöcken gehalten werden. Aus diesem Grund werden die Bäume selten gezüchtet und gedeihen nur in der Natur. Das Prachtbienenmännchen braucht Orchideen, etwa *Coryanthes vasquezii*, die nur wild wächst. Trägt es nicht den Duft der Orchideen an sich, will sich kein Weibchen mit ihm paaren.

---

Vierzehn Monate später sind aus den Früchten des Baums harte Kapseln geworden. Sie sind über zwei Kilo schwer und fallen 50 Meter tief nach unten. Beim Aufprall erreichen sie 14 km/h. Nur ein Tier kann diese Kapseln knacken: Das Aguti, ein Nagetier mit glänzendem Fell und scharfen Zähnen. Es greift sich die Nüsse, die wie die Spalten in einer Orange angeordnet sind. Da es nicht alle essen kann, vergräbt es die restlichen. Oft vergisst es, wo sie sind, und sie treiben Jahre später aus.

Paranüsse sind voller Nährstoffe und Antioxidantien. Man schätzt, dass bisher nur ein winziger Bruchteil aller Pflanzen im Amazonas erforscht wurde. Viele sind bereits ausgerottet. Von den 3000 Pflanzen, die dem National Cancer Institute zufolge gegen Krebs wirksam sein könnten, stammen 70 % aus dem Regenwald.

Der Paranussbaum zieht jeden Tag Hunderte Liter Wasser in seine Krone hoch und lässt sie durch seine Blätter entweichen. Die Wolken, die dadurch entstehen,

erzeugen Regen. Der Wald versorgt das 2000 Kilometer entfernte São Paulo mit Trinkwasser und kühlt das Amazonasgebiet. Je kleiner er wird, desto heißer und trockener wird die Region.

Jedes Jahr werden Wälder von der Größe eines kleinen Landes durch Brände vernichtet. Die enorme Nachfrage nach Soja als Tierfutter in Europa ist Teil des Problems. Fast 20 % der importierten Sojabohnen stammen aus zerstörten Regenwäldern, die weniger Kohlendioxid aufnehmen und Wasser abgeben als gesunde Wälder.

Als ich anfing, für dieses Buch zu recherchieren, stieß ich auf folgende Vorhersage: Wenn 25 % des Amazonas-Regenwalds zerstört sind, wird das Gebiet mehr Kohlenstoff abgeben, als es bindet. Ich hätte nie gedacht, dass ich so etwas noch erleben würde. Aber eine Studie aus dem Juli 2021 zeigt auf, dass genau das gerade passiert. Allein Großbritannien importiert jährlich 3,2 Millionen Tonnen Sojabohnen, von denen ein Großteil an Rinder, Schweine und Hühner verfüttert wird. Wer umweltbewusst ist und den Regenwald schützen möchte, sollte sich also überwiegend pflanzlich ernähren.

Ein Paranussbaum kann 500 Jahre alt werden. Ihn zu fällen, dauert kaum länger als eine halbe Stunde.

# WANDER-ALBATROS

*Diomedea exulans*

Ohne merklich mit den Flügeln zu schlagen gleitet er über den Himmel. Der Wanderalbatros lebt fast ausschließlich in der Luft – über dem Südlichen Ozean, einem der rausten Gewässer der Erde. Hier, in der Westwindzone, treiben Winde mit 130 km/h die stärkste Meeresströmung der Welt an. Dieser unwirtliche Ort, an dem die Wellen 24 Meter hoch werden, ist das Zuhause des Wanderalbatros. Im Alter von zwei Jahren verlässt er das Land und bleibt fünf bis zehn Jahre in der Luft. Die Spannweite seiner Flügel beträgt über 3,5 Meter – die größte aller Vögel. Er kann tagelang in der Luft bleiben, ohne zu flattern. Während er fliegt, bleibt sein Puls fast so niedrig, wie wenn er ruht. Auf der Suche nach Fisch und Tintenfisch legt er am Tag bis zu 800 Kilometer zurück.

Im Sinkflug wendet sich der Albatros vom Wind ab und lässt sich nach unten fallen, die Füße aneinandergelegt wie ein Turmspringer. Nach dem freien Fall segelt er so knapp über der Meeresoberfläche, dass seine Flügelspitzen das Wasser streifen. Er wird langsamer, dreht sich zum Wind und steigt erneut nach oben. Bevor die Welle bricht, kippt er zur Seite ab. Sein eisgrauer Körper steigt und fällt im Rhythmus der stahlgrauen Wellen, als tanze er mit dem Meer. Seine Flugtechnik ist so effizient, dass er für jeden Meter, den er sinkt, 22 Meter waagerecht dahingleitet.

Zwei Öffnungen auf seinem Schnabel helfen ihm, die Windgeschwindigkeit einzuschätzen. Sein ausgeprägter Geruchssinn führt ihn zu Beute in 20 Kilometern Entfernung. Er taucht ins Meer, um Fische zu schnappen, aber nur kurz, damit ihn kein Tigerhai erspäht. Um wieder abzuheben, rennt er über die Wasseroberfläche, bis er genug Schwung zum Fliegen hat. Weht kein Wind, kann er nicht in die Luft steigen.

Nach zehn Jahren auf dem Meer kehrt der Albatros wieder an seinen Schlüpfort zurück und schließt sich Artgenossen an. Er orientiert sich am Magnetfeld der Erde und mithilfe seines Geruchssinns, um eine von vier kleinen Inseln im Südlichen Ozean zu finden. Die meisten Albatrosse leben auf Südgeorgien, einem der abgeschiedensten Orte der Erde. Der Albatros riecht sein Zuhause, bevor er es sieht: feuchte Erde, Seetang, Torfmoor und Pinguin-Guano. Ein salziger Dunst umhüllt die Insel, eine Landschaft aus Granit und Eis, wo fast jeder Regen zu Schnee wird. Das Meer ist hier so nährstoffreich wie kaum anderswo auf der Welt, was einst ganze Flotten von Walfängern anlockte. Die zutraulichen Albatrosse wurden zu Tode geknüppelt und gegessen. Aus ihrer Haut, ihren Knochen und ihren Federn wurden Tabakbeutel, Pfeifenstiele, Stopfnadeln, Flöten, Füllfedern und Fußwärmer hergestellt. Als es keine Wale mehr gab, zogen die Walfänger ab. Seit 2012 ist der Bereich um Südgeorgien und die Südlichen Sandwichinseln ein Meeresschutzgebiet.

An Land sind die großen Flügel eine Bürde und die Albatrosse staksen mühsam über den Boden. Für die

Partnersuche nehmen sie sich viel Zeit, denn Albatrospaare bleiben ein Leben lang zusammen. Sie führen einen komplizierten Balztanz auf: Sie verbeugen sich, wippen mit dem Kopf, klopfen mit dem Schnabel und breiten die Flügel wie zu einer Umarmung aus. Mit dem Schnabel zum Himmel gewandt rufen sie einander. Jedes Paar hat seinen eigenen Tanz, den sie leicht abgewandelt jedes Jahr zur Brutzeit wiederholen. Sie gehen liebevoll miteinander um. Sie schmiegen sich aneinander, um sich warm zu halten, sie putzen sich gegenseitig und sie schnäbeln zärtlich miteinander.

Zwischen den Grasbüscheln bauen sie Nester aus Schlamm und Gräsern, in die das Weibchen ein weißes, rot gesprenkeltes Ei legt. Das Paar wechselt sich zweieinhalb Monate lang mit dem Brüten ab.

Sobald das Junge geschlüpft ist, kümmern sich die Eltern neun Monate lang um ihren Nachwuchs – länger als jeder andere Meeresvogel. Sie fliegen bis nach Brasilien, um Futter für das Junge zu suchen. Oft sind sie wochenlang unterwegs, während das Küken allein im Nest bleibt, dem Polarnebel, Regen und Schnee ausgesetzt. Die Eltern führen einen ewigen Kampf gegen das Verhungern. Kehrt einer von ihnen nicht mehr zurück, stirbt das Junge.

Jedes Jahr werden unzählige Meeresvögel Opfer des industriellen Fischfangs. Die Fischleinen sind oft über 100 Kilometer lang und mit Tausenden Köderhaken bestückt. Schnappen die Albatrosse nach den Ködern, hängen sie fest, werden unter Wasser gezogen und ertrinken. Auch Schildkröten, Haien und Delfinen ergeht es so. Manche Unternehmen fischen darum nur noch bei Nacht, mit versenkten Leinen und bunten Bändern, die Vögel abschrecken sollen. Müll, der mit Algen bedeckt ist, riecht wie die Beute der Albatrosse und wird von ihnen oft an ihre Jungen verfüttert. Die Küken verhungern dann, ihre Mägen voller Plastiktüten, Flaschenverschlüssen, Zahnbürsten, Glühbirnen, Feuerzeugen, Handschuhen und Folien.

Der Wind, auf den die Albatrosse angewiesen sind, wird immer öfter zum Sturm, der die Nester mitsamt der Eier und Jungen wegreißt. Es würde lange dauern, bis sich der nur langsam wachsende Albatrosbestand erholt. Bis auf zwei der 22 Arten sind heute alle gefährdet und zwei sogar vom Aussterben bedroht.

# MOOS

Der Boden ist weich. Der Pfad zur sanft gerundeten Anhöhe schlängelt sich zwischen kleinen Tümpeln hindurch. An deren Rändern wachsen Strandlinge, Binsen und Tausendblätter. Hier zu gehen, ist nicht gerade leicht. Der weiche Untergrund sieht oft stabiler aus, als er ist. Füße und Stiefel sinken schnell bis zum Schienbein oder Knie ins morastige Wasser ein.

Nistende Brachvögel stoßen warnende Rufe aus. Watvögel wie der Grünschenkel und der Alpenstrandläufer finden hier reichlich Nahrung. Schwärme von Goldregenpfeifern wogen am Himmel über dem Moor. Bei Windstille tauchen Mücken und Libellen auf. Auch der Boden ist einen genaueren Blick wert. Hier

wächst der Sonnentau. Seine paddelförmigen Blätter sind mit rosa Tentakeln gespickt, bereit, ein Insekt zu fangen. Er ragt aus einem Bett aus Torfmoos, das eines Tages – wie sein Name schon verrät – zu Torf wird. Wir befinden uns im schottischen Flow Country von Sutherland und Caithness. In Schottland gibt es rund 700 Arten von Moosen: Laubmoose, Lebermoose und Hornmoose – in leuchtenden grünen, roten und gelben Farben. Sie sind so weich, dass sie von den Vögeln als Material zum Nestbau verwendet werden.

Moose existieren seit 450 Millionen Jahren und haben zur Entstehung der Erdatmosphäre beigetragen. Sie haben das Land schon früh besiedelt und mitgeholfen, das Erdreich zu erzeugen. Wo Lava erkaltet und Betonflächen brachliegen, sind Moose die Ersten, die sich dort breitmachen und ein neues Ökosystem bilden.

Die Blätter der meisten Moose sind nur eine Zelle breit. Das bedeutet, dass sie Wasser direkt aufnehmen können und es nicht erst wie andere Pflanzen durch ihre Stiele transportieren müssen. Dichte Mooskolonien können große Mengen an Wasser speichern und es bei trockener Witterung langsam wieder abgeben.

Mit langen Dürreperioden haben Moose kein Problem. Eine Art überlebte sogar 19 Jahre ohne Wasser. Wenn man ein vertrocknetes Moos bewässert, fängt es sofort an, Photosynthese zu betreiben. Moose isolieren den Boden, auf dem sie wachsen, gegen Hitze und Kälte. Sie bilden Dschungel mit Stämmen und Blättern, die den Mikroorganismen, die sie beherbergen, wie riesige Urwaldbäume vorkommen müssen.

Bakterien und Algen betreiben ebenfalls Photosynthese und stellen anderen Lebewesen im Moosdschungel Kohlenstoff und Nährstoffe zur Verfügung. Einzellige Wimpertierchen, die Bakterien fressen, überleben selbst bei trockenem Wetter in den Mikrotröpfchen, die im Moos gespeichert sind. Den Großteil der Moosbewohner machen Rädertierchen, Fadenwürmer und Bärtierchen aus. Rädertierchen haben starke Kauwerkzeuge und einen Fuß, um sich fortzubewegen. Fadenwürmer fressen Mooszellen, Pilze und Algen.

Bärtierchen, auch Wasserbären oder Tardigraden genannt, haben acht klauenbewehrte Beine. Sie treiben im Wasser und greifen nach Flechten und Moosen. Diese Tiere zersetzen Materie in kleinere Bestandteile, die dann von anderen Moosbewohnern verwertet werden können. In langen Trockenzeiten ziehen sie ihren Kopf und ihre Beine ein und rollen sich zu einer Kugel zusammen. In diesem Ruhezustand können sie Jahrzehnte überdauern, bis es wieder regnet und sie wie die Moose wieder in den hydrierten Zustand wechseln.

Moose können Pflanzen vor der Austrocknung schützen. Das Torfmoos ist in der Lage, das Zwanzigfache seines Gewichts an Wasser aufzunehmen. Aus diesem Grund und weil es leicht antiseptisch wirkt, wurde es zur Zeit des Ersten Weltkriegs häufig als Wundauflage verwendet. Torf und Moos sind Filter und Wasserspeicher zugleich. Sie halten Fluten auf und lenken Flüsse in gleichmäßigere Bahnen, was die Lachswanderung erleichtert. Wird Torf zerstört, verstopft das Sediment die Laichplätze und verletzt die Kiemen der Fische.

Als nach der letzten Eiszeit die Gletscher aus Schottland verschwanden, siedelten sich auf den kahlen Felsen Moose an. Wenn Moos abstirbt und sich zersetzt, bildet sich Torf. Alle Tausend Jahre entstehen 1,5 Meter Torf.

Auf der 4000 Quadratkilometer großen Fläche des Flow Country sind 400 Millionen Tonnen Kohlenstoff gebunden. Torfmoore bedecken nur etwa 3 % der Landfläche, speichern aber mehr $CO_2$ als jedes andere Ökosystem, mit Ausnahme der Ozeane. Moore gibt es überall auf der Welt, vor allem auf der Nordhalbkugel. Auf den Britischen Inseln ist der Anteil der Torfmoore im Verhältnis zur Landmasse recht groß und dieses wichtige Biotop sollte unbedingt erhalten werden. Das Flow Country ist die größte Moorlandschaft Europas.

In Irland wurden die Torfmoore ausgebeutet, um Kompost für Gärten und Treibstoff für Kraftwerke zu gewinnen. Studien zeigen, dass weniger als 20 % der Moore Großbritanniens noch intakt sind. Wenn ein Torfmoor austrocknet oder abgetragen wird, werden große Mengen des gespeicherten $CO_2$ freigesetzt.

Moose und Moore reagieren auf den Klimawandel und die Umweltverschmutzung besonders empfindlich. Im Jahr 2019 teilte die IUCN mit, dass 23 % der europäischen Moose vom Aussterben bedroht seien. Die Hauptgründe dafür sind das Torfstechen, die Entwässerung der Landschaft und die veränderte Bodennutzung. Wenn wir die Torfmoore wiederherstellen, steht uns auch ihr mächtiger Kohlenstoffspeicher wieder zur Verfügung. Außerdem sind sie auf den Britischen Inseln immer noch einer der artenreichsten Lebensräume.

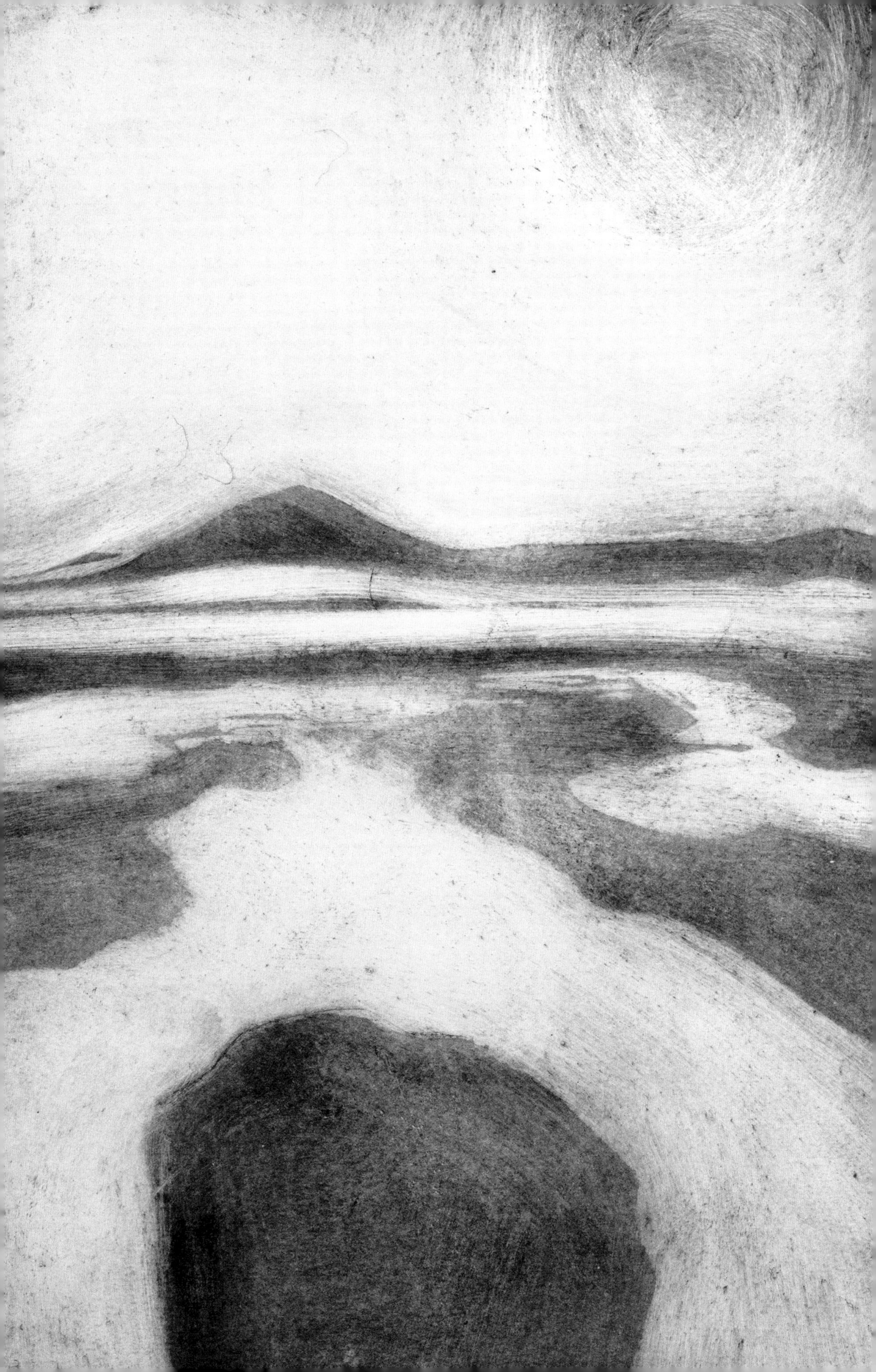

# KARIBU

*Rangifer tarandus*

Von der Luft aus sieht man die Spuren Tausender Karibus, die über den Schnee trotten. Ihre Pfade kreuzen sich immer wieder, wie Rauchfahnen aus Schornsteinen, bevor sie am Horizont zusammenlaufen. Die Polarsonne taucht sie in ein orangefarbenes Licht. Im Winter ziehen die Herden aus dem Norden weiter südlich, um einen geschützteren Lebensraum zu finden. Im Frühling kehren sie in den Norden zurück. Sie legen bis zu 5000 Kilometer zurück – das ist die längste Landwanderung eines Säugetiers. Die Herden, die in den Wäldern leben, wandern nicht, brauchen aber eine riesige Weidefläche.

Karibu und Rentier sind zwei Begriffe für dieselbe Art: *Rangifer tarandus*. Das Karibu hat breite Hufe mit haarigen Sohlen und vier Zehen, mit denen es auf dem Schnee einen stabilen Halt hat und beim Schwimmen paddeln kann. Mit seinen Klauen kann es den Schnee wegschaufeln, um an essbare Flechten, Pilze, Zweige und Beeren zu gelangen. Sein dichtes Fell, das aus Millionen hohler Haare besteht, ist im Winter heller und im Sommer dunkler. Aus dem braunen Gesicht schauen schwarz umrandete Augen, die UV-Licht sehen können. Flechten und Fressfeinde des Karibus absorbieren UV-Licht und werden im reflektierenden Schnee sichtbar.

In der Nase des Karibus wird beim Einatmen kalte Luft erwärmt und beim Ausatmen Wärme bewahrt, um Feuchtigkeit zu speichern. Aus dem Kopf sprießt das imposante Geweih, das jeden Frühling neu wächst – um 2,5 Zentimeter pro Tag. Im Winter, wenn die Nahrung nicht genügend Kalzium enthält, wird dieser Mineralstoff vermutlich den Knochen entzogen. Im Sommer füllen sich die Knochenspeicher dann wieder auf.

Die Wälder der Taiga erwärmen sich doppelt so schnell wie der Rest der Erde. Der Frühling beginnt mittlerweile um 16 Tage früher als noch vor zehn Jahren.

Einige der Pflanzen passen sich den Veränderungen an, aber die Karibuweibchen und ihre Kälber erreichen das Gebiet nicht rechtzeitig, um die Pflanzen zu dem Zeitpunkt zu essen, wenn sie am nährstoffreichsten sind.

Der Bestand an Karibus nimmt rapide ab. Aufgrund der wärmeren Temperaturen fällt mehr Regen, der dann gefriert. Die Rentiere können ihre Nahrung aus dem Schnee freikratzen, aber nicht aus Eis. Sträucher aus dem Süden, wie die Zwergbirke oder die Weide, verdrängen die Moltebeeren, Moosbeeren, Heidelbeeren, Binsen und Flechten, von denen sich die Karibus ernähren. Auch Krankheiten, Parasiten und Fressfeinde halten im Norden Einzug. Die Fichte, der Baum des Kanadischen Waldkaribus, verschwindet allmählich. Und mit ihr verschwinden auch die Rentiere.

Der Lebensraum der Karibus steckt voller begehrter Ressourcen: Kohle, Uran, Gold, Holz, Öl und Gas. Die Abbauunternehmen nehmen riesige Gebiete in Beschlag und stören die Wanderungen der Tiere.

Die Taiga erstreckt sich um den nördlichen Polarkreis. Sie macht ein Drittel der Waldfläche der Erde aus. Die Kälte konserviert abgefallene Blätter und Äste, die Kohlenstoff speichern und den Boden isolieren. Der boreale Nadelwald Kanadas kann das Äquivalent der $CO_2$-Emissionen des Landes aufnehmen.

Die Tundra ist das kälteste Biom und der Lebensraum des Karibus. Sie schmilzt schneller als erwartet. Dabei werden Krankheitserreger, etwa Milzbrandbakterien, und riesige Mengen an $CO_2$ und Methan freigesetzt. Die Abfälle der Öl- und Gasförderung verwandeln die Landschaft in Morast und die Gifte gelangen in die Umwelt.

Die Zahl der Karibus sinkt rasant und die Welt, die wir kennen, ist im Begriff zu verschwinden. Noch können wir eingreifen und die Katastrophe verhindern.

# MANGROVEN

Im klaren, seichten Wasser huschen kleine Fische zwischen den Wurzeln hindurch. Ihre goldenen Schuppen glitzern im Sonnenlicht. In acht Stunden ist hier Schlamm und die Wurzeln der Mangroven liegen frei, wie umgestülpte Körbe. Seepocken, Seeanemonen, Schwämme, Schlangensterne und Krabben klammern sich an ihnen fest. Zwischen dem blauen Himmel und dem Brackwasser des Mündungsgebiets leuchtet das kräftige Grün des Kronendachs.

Mangroven sind Bäume oder Sträucher, die in Salzwasser und sauerstoffarmen Böden überleben können. Sie filtern das Salz aus dem Wasser oder scheiden es über die Blätter aus. Es gibt 54 verschiedene Mangrovenarten, die im Übergangsbereich zwischen Land und Meer wachsen, für gewöhnlich zwischen den 25. Breitengraden. Um den wenigen Sauerstoff optimal zu nutzen, bilden einige Mangrovenarten Pneumatophore, das sind schnorchelartige Wurzelstrukturen, die aus dem Boden ragen und über der Wasseroberfläche atmen. Um den Verlust von Feuchtigkeit zu reduzieren, schließen die Mangroven die Poren ihrer Blätter und drehen diese von der Sonne weg. Rote Mangroven haben auch in der Rinde Poren.

Mangrovenwälder sind dynamische Lebensräume, an denen sich Luft, Land, Salzwasser und Süßwasser begegnen. Sie bieten vielen Organismen ein Zuhause.

Im schlammigen Boden zersetzen Pilze und andere Mikroben Pflanzenreste und wandeln sie in Nährstoffe um. Baumkrabben laufen die Wurzeln entlang und verkriechen sich bei Gefahr im Schlamm. Die Echte Karettschildkröte, deren Lebensraum im Korallenriff immer kleiner wird, sucht zwischen den Wurzeln Zuflucht, wie auch die Jungen der Garnelen und Fische, darunter Zitronenhaie, Riesenzackenbarsche und Regenbogen-Papageifische. Schlammspringer speichern Wasser, damit sie auch bei Ebbe atmen können. Sie verbringen bis zu 36 Stunden an Land. Manche können mithilfe ihrer Flossen sogar auf Bäume klettern. Frösche klammern sich an Blätter und Rinden. Die grünen, borstigen Raupen der Schneckenspinner fressen die Blätter. Im

Kronendach leben Vögel, Motten, Eidechsen und Affen. Auch Pelikane bauen hier ihre Nester. Viele Arten sind komplett auf die Mangroven angewiesen. Auf der Mangroveninsel Escudo de Veraguas leben die letzten 48 Zwergfaultiere. Sie haben freundliche Gesichter und ein Fell, das an Kokosfaser erinnert.

Die Mangrovenblüten werden von Insekten, Vögeln und Fledermäusen bestäubt. Die Samen keimen bereits am Baum und bilden schwimmfähige Brutknospen, die von der Strömung verteilt werden. Nach einigen Tagen sinken die Keimlinge an einer neuen Stelle auf den Meeresgrund, wo sie Wurzeln schlagen.

Maulwurfskrebse graben unter den Bäumen tiefe Gänge. Sie bringen Nährstoffe an die Oberfläche, lassen Wasser abfließen und reichern den Boden mit Sauerstoff an. Dabei werfen sie bis zu zwei Meter hohe Schlammhügel auf, aus denen neue Mangrovenbäume wachsen.

Die Mangrovenwälder gehören zu den wichtigsten Ökosystemen der Erde. Während die abgefallenen Äste und Blätter anderer Bäume beim Verrotten Methan und Kohlenstoff freisetzen, sinken jene der Mangrovenbäume auf den Meeresboden, wo sie von Schlamm bedeckt werden. Der Kohlenstoff in ihnen wird begraben. Mangroven speichern fünf- bis zehnmal mehr Kohlenstoff als andere Wälder. Sie sind Wellenbrecher, sie schützen vor Küstenerosion und sie bremsen Tsunamis. Außerdem filtern sie verschmutztes Wasser. Wo Mangrovenwälder aufgeforstet wurden, hat sich der Bestand an Fischen und Weichtieren vermehrt. Die Wurzeln der Bäume sind die Kinderstube der Fische. Fast 80 % des weltweiten Fangs sind von ihnen abhängig.

Die Mangrovenwälder werden aus allen möglichen Gründen gerodet, aber 35 % des zerstörten Gebiets werden für die Garnelenzucht genutzt. Mit den Abwässern der Garnelenbecken gelangen Exkremente, Antibiotika und Pestizide in das Wasser. Die Becken sind irgendwann so verseucht, dass sie aufgegeben werden. Um Platz für neue Becken zu schaffen, werden weitere Mangrovenbäume ausgerissen.

Die größte Bedrohung für die Wälder ist aber vermutlich der steigende Meeresspiegel durch den Klimawandel. Die Sundarbans sind einer der größten Mangrovenwälder der Erde. Sie liegen in Indien und Bangladesch, im Mündungsgebiet mehrerer Flüsse nördlich vom Golf von Bengalen. Sie sind ein Paradebeispiel für die biologische Vielfalt der Mangrovenwälder und die Gefahren, die ihnen drohen. Zwischen den zahlreichen Mangrovenarten leben der Axishirsch, die Fischkatze, die Rohrkatze und der imposante bengalische Tiger.

Obwohl die Sundarbans zum UNESCO-Weltnaturerbe erklärt wurden, werden sie weiterhin zerstört: Fischfarmen, Staudämme und Verschmutzung, unter anderem durch Öl, schädigen das Ökosystem. Die Regierungen von Indien und Bangladesch finanzieren den Bau eines riesigen Industriegebiets mit Kohlekraftwerk am Rande der Mangrovenwälder. Aufgrund des Klimawandels ziehen sich Teile der Sundarbans jährlich um 200 Meter zurück. Der steigende Meeresspiegel hat bereits 7500 Hektar Land unter Wasser gesetzt.

Die Mangroven müssen, wie Seegras und Salzwiesen, geschützt und wiederhergestellt werden, damit sie erneut mehr Kohlenstoff aus der Atmosphäre aufnehmen.

# WASSER

Wir wissen mehr über die Oberfläche des Mondes als über den Grund des Meeres. Selbst heute noch geben uns die Ozeane Rätsel auf. Der Horizont, an dem sich Himmel und Wasser begegnen, ist wie ein Blick in eine unbekannte Zukunft. Die endlosen Weiten lassen uns klein wirken. Unser Leben beginnt im Wasser, aus dem auch unser Körper zu rund 80 % besteht. Fasziniert uns das Meer deshalb so? Dieser befreiende Schock, wenn wir von einem Element ins andere tauchen, gibt uns wieder das Gefühl, eins mit der Natur zu sein.

Ein großer Teil aller Organismen lebt im Meer. So viele, dass wir dachten, die Ozeane seien unerschöpflich. Doch wir haben den Bestand an großen Fischen um geschätzte 90 % verringert.

Bis vor Kurzem absorbierten die Ozeane riesige Mengen des von uns erzeugten Kohlendioxids. Das Meerwasser löst einen Teil des atmosphärischen $CO_2$ auf und das Phytoplankton verarbeitet es im Prozess der Photosynthese. Wenn aber der pH-Wert im Meer sinkt und die Temperatur ansteigt, wird weniger $CO_2$ aufgenommen.

Wir können nur drei Tage ohne Wasser überleben. Dennoch verschwenden wir es und verursachen Knappheit. Wir verschmutzen es auch noch. Abwässer aus der Kanalisation, der Industrie und der Landwirtschaft sowie Medikamente gelangen ins Wasser und zerstören die Lebensräume in Flüssen und Küstengebieten. An den entlegensten Orten der Erde, etwa auf dem Grund des Marianengrabens und auf dem Gipfel des Mount Everest, wurde Mikroplastik gefunden. Giftige per- und polyfluorierte Alkylverbindungen (PFAs) wurden in Regentropfen, in Muttermilch und im Blut nachgewiesen.

Unser gedankenloser Umgang mit dem Wasser stellt die Erde fast buchstäblich auf den Kopf. Eine Studie der NASA aus dem Jahr 2016 kam zu dem Schluss, dass sich die Masse der Erde durch das Schmelzen der Polkappen und die Entnahme von Grundwasser umverteilt und der Planet dadurch auf seiner Achse taumelt.

*Gefährdete Arten, die im Wasser leben, es reinigen oder Kohlendioxid aus ihm aufnehmen.*

# ECHTE KARETT-SCHILDKRÖTE

*Eretmochelys imbricata*

Sie gleitet ins Wasser. Ihre Flossen bewegen sich auf und ab und paddeln mit einer kleinen Drehbewegung.

Wie könnte man sie beschreiben? Ihren schuppigen Schlangenkopf mit schnabelartigem Mund, die großen, fast mandelförmigen Augen, die zerknautschte Lederhaut am Hals und an den Gelenken. Von oben betrachtet hat ihr Panzer mit dem gezahnten Rand die Form eines Lindenblatts. Von der Seite ist er stromlinienförmig wie eine Speerspitze. Aus ihm ragen ein Kopf, ein Schwanz und vier Gliedmaßen. Die Echte Karettschildkröte existiert seit rund 45 Millionen Jahren. Wenn ihre Flossen nach unten hängen, erinnert sie an einen Styxosaurus. Solche Tiere kann man eigentlich nur mit Worten wie »faszinierend« und »fantastisch« beschreiben. Ihr marmorierter Rückenschild ähnelt den Lichtreflexen, die über den Meeresboden wabern. Manche der älteren Tiere sind mit Seepocken bedeckt und sehen aus wie ein Stück Riff – ein Felsen im Wasser.

Sie wirkt sagenhaft, aber sie lebt, und zwar schon viel länger als ihr größter Feind, *Homo sapiens*. Ihre Vorfahren überlebten die Katastrophe, die zum Aussterben der Dinosaurier führte, und auch die folgenden 66 Millionen Jahre. Mit ihrem harten Schnabel brechen sie die giftigen Schwämme von den Korallen, die sonst das Riff überwuchern, aber von den Schildkröten verdaut werden können. Ihre Rippen und Wirbelsäule sind mit dem Panzer verwachsen. Nur Krokodile, Haie und Kraken können der knöchernen Schale gefährlich werden.

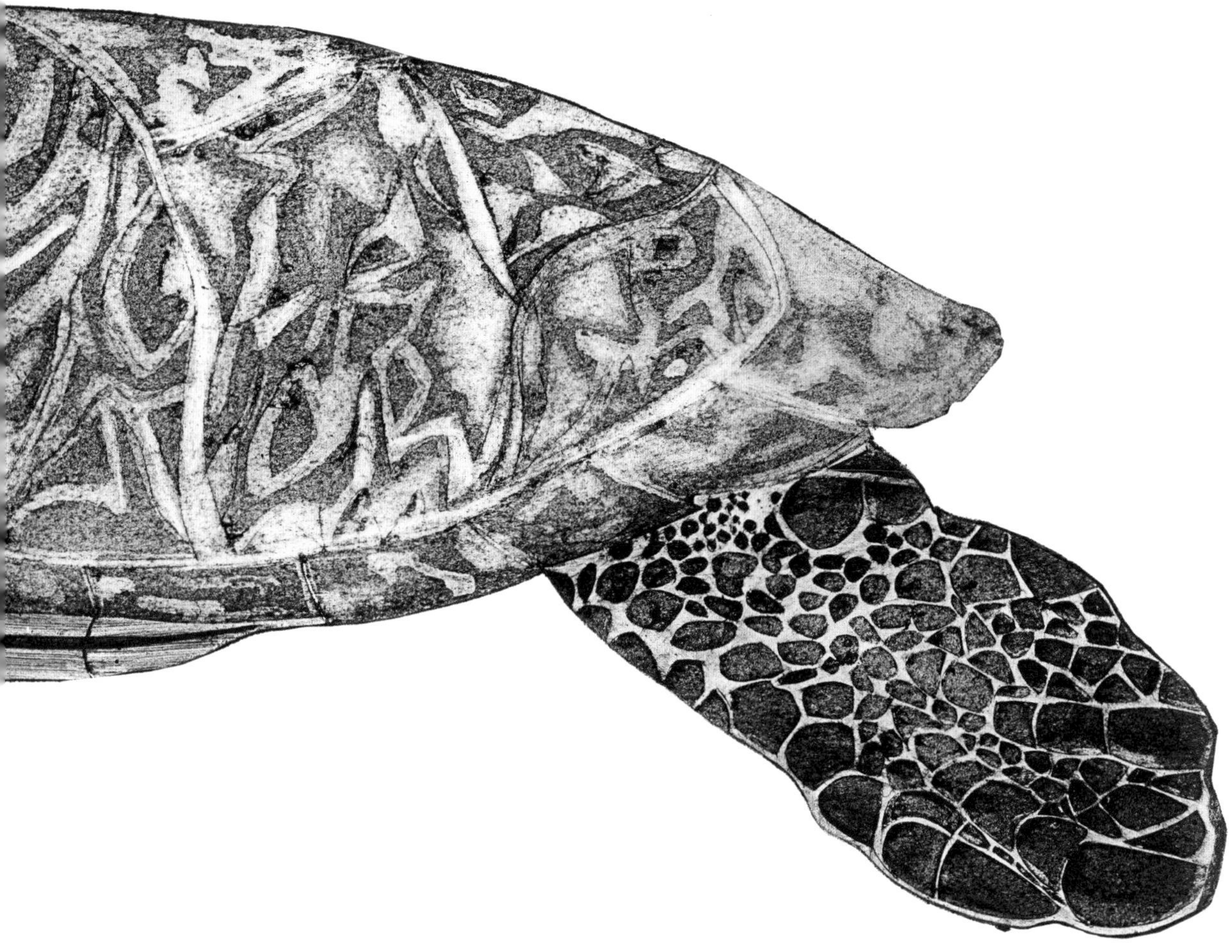

Meeresschildkröten haben einen scharfen Geruchssinn zum Aufspüren von Beute und spezielle Drüsen, um das Salz aus dem Wasser auszuscheiden. Beim Schwimmen orientieren sie sich am Magnetfeld der Erde.

Die Echte Karettschildkröte ist ein Einzelgänger. Die Weibchen paaren sich oft erst im Alter von dreißig Jahren. Ihre Eier legen und vergraben sie am Strand, dann krabbeln sie zurück ins Meer, ohne ihre Jungen je zu sehen. Die frisch geschlüpften Jungen bewegen sich instinktiv zum Mondlicht, das vom Meer reflektiert wird. Heute werden sie oft vom Licht der Städte verwirrt und finden den Weg ins Wasser nicht mehr. Gefahren lauern auch in Form von Krabben, Wildhunden und Greifvögeln. Nur wenige Schlüpflinge überleben. Die Männchen verbringen ihr Leben im Meer, während die Weibchen zur Eiablage ihren Geburtsstrand aufsuchen. Die Temperatur des Sandes, in dem die Eier liegen, entscheidet über das Geschlecht: Wärmere Temperaturen bedeuten, dass weniger Männchen schlüpfen. Der Klimawandel beeinflusst aber nicht nur das Geschlechterverhältnis der Schildkröten, sondern auch die Meeresströmungen, was den Tieren die Orientierung erschwert.

Obwohl die Echte Karettschildkröte perfekt an den Lebensraum Meer angepasst ist und eine so wichtige Rolle darin spielt, sinkt ihr Bestand. Weder ihr Rückenschild (Carapax) noch ihr Bauchpanzer (Plastron) schützen sie vor Dynamitfischerei, Stellnetzen, Küstenzerstörung oder Wilderern.

# KORALLEN

Wir wissen, wie bunt sie sind. Wir kennen die Bilder: Fischschwärme, die das Licht reflektieren, lebendige Grün-, Gelb- und Rottöne. Ihre Leuchtkraft wird nur vom trüben Blau des Wassers gedämpft. Die kräftigen Farben der Weichkorallen sind so rein und intensiv, ihre Formen wie Bäume, Felsen, Teller, Pilze, Tische, Geweihe, Finger, Tentakel, Spitze ...

Im Korallenriff ist es alles andere als still. Knallkrebse knistern, Papageienfische knuspern an Algen, orangefarbene Soldatenfische grunzen, Seefledermäuse wummern wie ein Bass. Unter ihnen erstreckt sich bis in die Tiefe des Meeres das gewaltige Riff, das Hunderttausende von Jahren gewachsen ist und sich entwickelt hat.

---

Das war einmal. Heute blicken wir auf tote Korallen. Graue Weiten, wohin das Auge reicht. Was nicht grau ist, ist braun, überwuchert von Algen, die das Korallenskelett besiedeln. Fische sieht man kaum noch. Die farbenprächtige Vielfalt ist verschwunden – nicht nur ihre Schönheit, sondern vor allem ihr Nutzen fehlt.

In Korallenriffen leben rund eine Million verschiedene Arten. Touristen kommen, um sie zu bewundern, und zahlreiche Fische haben hier ihre Kinderstube. Sie schützen andere Ökosysteme vor Tsunamis, etwa Mangrovenwälder und Seegraswiesen. Doch die Riffe wurden abgetragen: Dynamit- und Zyanidfischerei, Umweltverschmutzung, Abwässer aus der Landwirtschaft, die zu Algenpest führen, Überfischung, Schleppnetze, Biozid-Beschichtungen an Schiffsrümpfen, Schäden durch Anker und Taucher sowie Baggerarbeiten, die Sediment aufwirbeln. Auf der ganzen Welt sterben die Korallenriffe. In den vergangenen 20 Jahren wurde die Hälfte aller Korallen zerstört. Nur wenige Riffe sind noch intakt.

Korallen sind Tiere – Kolonien aus einzelnen Polypen. Der Polyp hat Tentakel, einen Mund und einen Magen. Er sitzt in einem Kalkskelett, das meist hohl und durchsichtig und von kleinen Algen besiedelt ist. Diese Zooxanthellen geben der Koralle ihre Farbe und leben in einer Symbiose mit ihr. Der Polyp erzeugt $CO_2$ und Wasser, was die Zooxanthellen mittels Photosynthese in Aminosäuren, Glycerol und Glucose umwandeln. Bis zu 90 % davon wird von der Koralle aufgenommen und verwertet. Der Polyp baut sein Skelett zum Licht hin auf. In der Nacht, wenn es am wenigsten Sauerstoff gibt, versorgen Fische die Korallen mit Sauerstoff, indem sie sie mit ihren Flossen anfächeln. Der Polyp ist aber nicht nur Pfleger, sondern auch Jäger: Seine Tentakel sind mit giftigen Nesselzellen bewehrt. Damit betäubt er Zooplankton, manchmal sogar kleine Fische.

Die Verschmutzung, die Erwärmung und die Versauerung der Meere beeinträchtigen die Fähigkeit der Zooxanthellen, Photosynthese zu betreiben. Der Polyp stößt die Algen ab. Ohne ihre Farbgeber sind die Korallen bleich. Noch nicht tot, aber geschwächt. Wenn die Algen dauerhaft fernbleiben oder es zu mehreren Bleichen kommt, sterben die Korallen ab. Es gibt Maßnahmen, um die Riffe wiederzubeleben: Künstliche Wolken aus Salzkristallen sollen Sonnenlicht weg vom Meer reflektieren. Aufnahmen von Korallengeräuschen sollen Fische anlocken. Künstliche Riffe sollen Polypen einen neuen Lebensraum bieten. Aber selbst wenn diese verzweifelten Versuche Erfolg haben, gewinnen wir damit höchstens ein paar Jahrzehnte. Die Korallen haben nur eine Zukunft, wenn wir den $CO_2$-Ausstoß reduzieren.

Stunden bevor sie endgültig absterben, leuchten die Korallen fluoreszierend auf. Forschern zufolge ist das vielleicht ihr letzter Versuch, sich vor den UV-Strahlen zu schützen und die Algen zur Rückkehr zu bewegen.

## ARTEN, DIE IN KORALLEN-RIFFEN LEBEN

# GEWÖHNLICHER SÄGEFISCH

*Pristis pristis*

Es ist so schwül, dass sogar die Insekten schweigen. Die Vögel sind still. Kein Lüftchen regt sich. Kein Blatt raschelt. Nur der spiegelglatte Bach bewegt sich. Über den roten Fels schlängeln sich Ranken und aus Rissen wachsen Keimlinge. Dann sieht man ihn. Den kreideweißen Umriss der Flossen und der markanten Säge. Die roten Zähne. Mit knappen, schnellen Strichen wurde das Bild energisch in den Stein geritzt. Wie alt mag es wohl sein? 8000 Jahre? 40.000 Jahre?

Es ist ein Andenken an etwas noch Älteres: die Traumzeit der australischen Aborigines, als der Sägefisch die Flüsse aus dem Boden schnitt und im Meer und an Land nach einem Lebensraum für sein Volk suchte. Als das Bild entstand, war der Sägefisch bereits so alt wie der Fels, auf den es gemalt wurde, entstanden in Millionen Jahren Evolution. Die Fossilien seiner direkten Vorfahren stammen aus dem frühen Känozoikum, sind also rund 60 Millionen Jahre alt.

Der Gewöhnliche Sägefisch kann in Salz- und Süßwasser leben. Er wurde bereits 1300 Kilometer flussaufwärts im Amazonas gesichtet. Auch im Nicaraguasee gibt es eine Population, die gegen die Stromschnellen des Rio San Juan schwimmt, ähnlich wie die Lachse.

Seine Augen befinden sich auf der Kopfoberseite, sodass er halb im Sand vergraben kleinen Fischen und Krebsen auflauern kann. Die Säge macht etwa ein Viertel seiner Länge aus. Dieser Auswuchs des Schädels ist beidseitig mit Zähnen besetzt. Sein Vorderkörper flattert wie ein Rochen, seinen Hinterleib bewegt er hin und her wie ein Hai, um sich fortzubewegen.

Er ist zwar ein Raubtier, aber sein Mund ist zu klein, um große Fische zu schnappen. Auf seiner gezahnten Säge sitzen lauter Elektrorezeptoren, mit denen er das elektrische Feld seiner Beute wahrnimmt und dadurch auch in trübem Wasser oder bei Nacht jagen kann. Wendig schwingt er seine Säge wie einen Säbel und setzt seine Opfer mit gezielten Hieben außer Gefecht.

Die Sägefischjungen kommen mit der Säge voran auf die Welt. Auch die Zähne sind schon vorhanden. Sie wachsen langsam. Nach zehn Jahren sind sie etwa sechs Meter lang. Sie können bis zu 35 Jahre alt werden. Ein Wurf kann aus 13 Jungfischen bestehen, aber das ist nichts im Vergleich zu den Millionen Eiern, die andere Fische ablaichen. Die Jungen werden im Mündungsgebiet geboren und schwimmen dann flussaufwärts. Ihr erstes Lebensjahr verbringen sie im Süßwasser. Mangroven sind ihre Kinderstuben, wo sie Schutz und Nahrung genießen. Schließlich geht es zurück ins Meer.

Einst war der Gewöhnliche Sägefisch weltweit verbreitet und lebte in Küstennähe, aber er wurde schon in circa 30 Ländern ausgerottet. Mit ihrer gezackten Säge verfangen sich die Tiere leicht in Netzen und sterben als Beifang. Sie werden auch als Sport gejagt. Man schneidet ihnen die Flossen und die Säge ab und wirft sie zurück ins Meer, wo sie langsam und qualvoll verenden. Ihre Flossen sind auch wie jene des Hais in China als Heilmittel oder Suppenzutat sehr gefragt. Ihr Lebensraum wird durch die Bebauung der Küsten zerstört. An der Westküste Afrikas sind sie für die heutige Generation von Fischern nur noch aus Geschichten bekannt.

# SYRISCHE PRACHTLIBELLE

*Calopteryx syriaca*

Sie führt ihr Vorderbein ans Gesicht und reibt ihr großes linkes Auge. Dann dreht sie ihren Kopf um fast neunzig Grad und zurück, bevor sie mit einer raschen Bewegung ihr anderes Vorderbein heranzieht, um das rechte Auge zu reiben. Die riesigen Augen bestehen aus einer Wabenstruktur aus Tausenden Lichtrezeptoren, die wie ein Frühwarnsystem funktionieren.

Die Beine der Syrischen Prachtlibelle wirken viel zu zart für ihren metallisch blauen Rumpf mit den kräftigen Muskeln, die zwei durchscheinend blaue Flügelpaare betätigen. Nun breitet sie die Flügel aus und erhebt sich in die Luft. Sie saust los, steigt in die Höhe, dann wieder zurück und macht plötzlich einen Satz nach vorn. Ihre Bewegungen sind ganz anders als die eines Vogels, unberechenbar und ruckelig, um Feinde auszutricksen und Beute zu schnappen.

Das Weibchen der Prachtlibellen ist metallisch grün und hat einen weißen Punkt auf den Flügelenden. Die Flügel des Männchens sind zur Hälfte dunkel.

Manche Kleinlibellen bohren die Stängel von Wasserpflanzen an und legen ihre Eier in das Loch. Wenn sie am Stiel entlang ins Wasser krabbeln und immer wieder anhalten, um Löcher zu bohren, hüllen sie sich in eine Luftblase, die sie mit Sauerstoff versorgt. Geht dem Weibchen die Atemluft aus, treibt es auf der Wasseroberfläche und krümmt seinen Hinterleib. Es glitzert im Sonnenlicht, was Fische anlockt.

Nach ein paar Wochen schlüpfen die Prolarven aus den Eiern. Sie haben schon die großen Augen und einen vorstehenden Unterkiefer, die Fangmaske, die blitzschnell ausgeklappt werden kann, um Wasserflöhe und Mückenlarven zu schnappen.

Erst nach drei Jahren gehen die Larven für ihre Metamorphose an Land. Sie haben nur wenige Wochen im Sommer Zeit, um zu jagen, zu tanzen und sich zu paaren, damit ihre Gene eine Zukunft haben. Diese Zukunft steht aber auf der Kippe, da die Syrische Prachtlibelle saubere, frei fließende Gewässer braucht.

In letzter Zeit wurde sie nur noch im oberen Jordantal, in einigen Gebieten am Jarmuk und bei Adschlun gesichtet. Die Sommer werden länger und heißer. Die Bevölkerung entlang des Jordans wächst und immer mehr Wasser wird abgezweigt – bis zu 98 % gelangen nicht mehr ins Tote Meer, wo der Wasserspiegel jährlich um einen Meter sinkt. Riesige Krater tun sich auf und ganze Touristenorte versinken in den Löchern.

Weiter flussaufwärts liegt der See Genezareth. Er ist das größte Süßgewässer Israels, aber sein Salzgehalt steigt. Das meiste Wasser, das aus dem Jordan entnommen wird, ist für die Landwirtschaft. Israel baut Kartoffeln, die viel Wasser brauchen, in trockenen Gebieten an und exportiert sie nach Europa. Die Länder entlang des Jordans leiten Abwässer und Salzwasser in den Fluss. Von einst 28 Fischarten darin gibt es nur noch acht.

---

Die Syrische Prachtlibelle mit ihren irisierenden Grün- und Blautönen steht stellvertretend für eine höchst faszinierende, ursprüngliche Insektenordnung, die seit 300 Millionen Jahren existiert. Genau wie die Menschen in der Region braucht auch sie einen ökologisch gesunden Fluss, um hier eine Zukunft zu haben.

Man vermutet, dass die lange Dürreperiode in Syrien zum Ausbruch des Bürgerkriegs im Jahr 2011 beigetragen hat und dass in den kommenden 20 Jahren mehr Menschen vor dem Klimawandel als vor den Konflikten in der Region flüchten werden.

Israel und Jordanien arbeiten zusammen am Bau einer Pipeline, die Wasser aus einer Entsalzungsanlage am Roten Meer in das Tote Meer pumpen soll. Auch wenn das Projekt die Hoffnung schürt, so produzieren solche Anlagen – von denen es weltweit 17.000 gibt – pro Kubikmeter Süßwasser bis zu 6,7 Tonnen $CO_2$. Und die Ableitung von Salzwasser verändert auch die Beschaffenheit des angrenzenden Meeres.

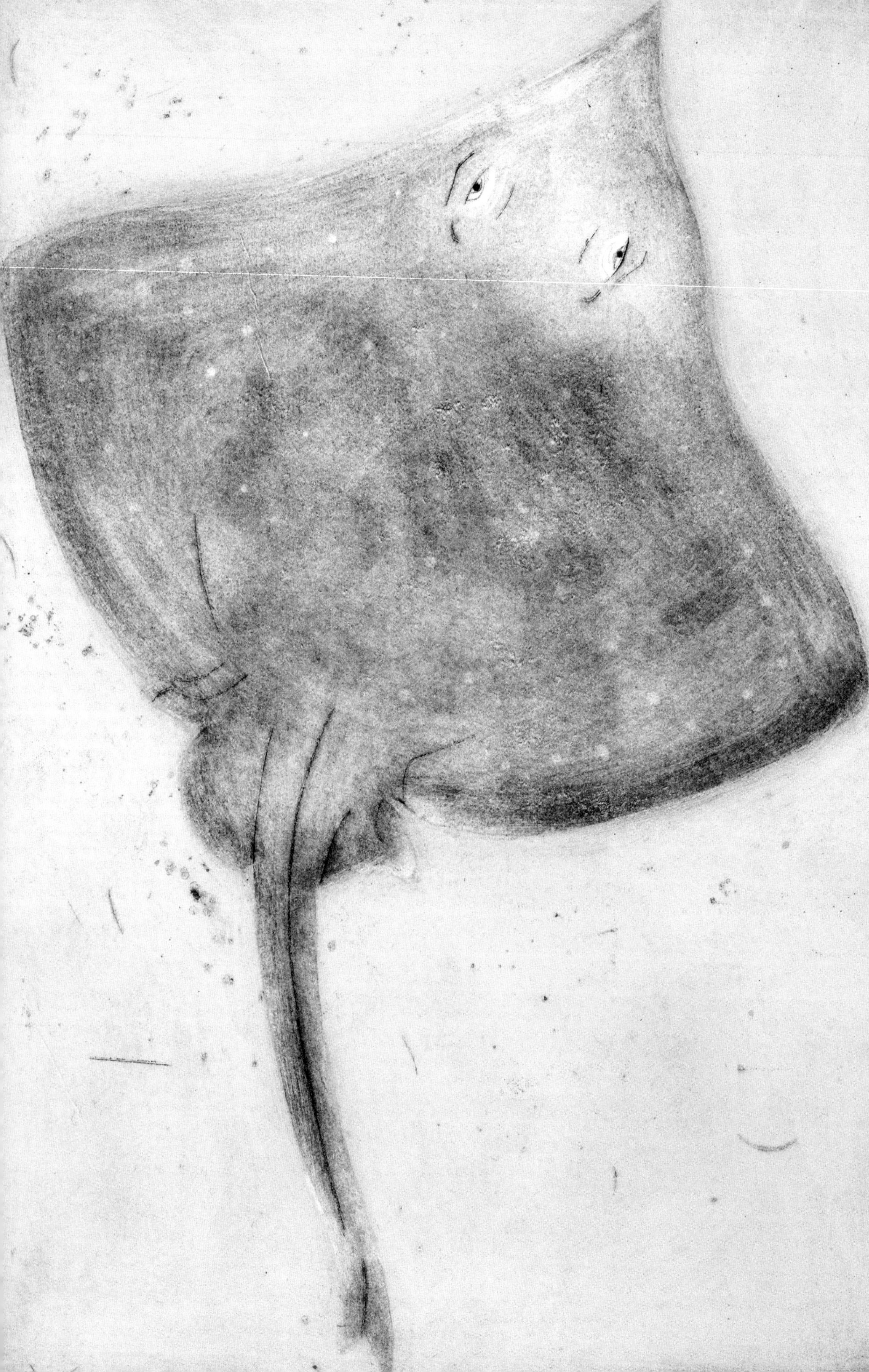

# GROSSER GLATTROCHEN

*Dipturus intermedius*

Im Dunkel des Nordatlantiks wogt der Seetang. Seine langen Wedel strecken sich nach oben zum Licht. Am sandigen Boden liegt ein rautenförmiger Glattrochen. Er ist der wohl größte Vertreter der Echten Rochen. Der ganze Meeresgrund ist hier mit Sand bedeckt. Da und dort liegen Muschelsplitter. Sonst gibt es hier nur die Steine, an denen der Seetang verankert ist.

Der olivbraune Rücken des Glattrochens ist hell gesprenkelt. Diese Muster, die an Sternbilder erinnern, sind einzigartig wie ein Fingerabdruck und helfen, die Tiere zu identifizieren.

Der große Fisch scheint mühelos im Wasser zu schweben. Dann bewegt er fast unmerklich seinen Schwanz und gleitet in den Tangwald. Er kräuselt die Spitzen seiner Brustflossen nach oben und segelt, wie ein Raumschiff in der Leere des Alls, bevor er seine Flossen wieder in die Horizontale bringt und wellenförmig in die Dunkelheit entschwindet.

Ein Großer Glattrochen braucht elf Jahre, bis er ausgewachsen ist. Das ist nicht viel kürzer als beim Menschen. Die Tiere werden bis zu 2,8 Meter lang und können eine Spannweite von zwei Metern sowie ein Gewicht von 100 Kilogramm erreichen. Sie können 100 Jahre alt werden. Die Weibchen legen Eikapseln, sogenannte Nixentaschen, zwischen den Felsen in den Sand oder Schlamm. Viel weiß man über diese Art aber nicht. Im 20. Jahrhundert wurden sie rund um die Britischen Inseln gesichtet, heute nur noch vor den Küsten Nordschottlands und Nordirlands und in der Keltischen See.

In der EU steht der Glattrochen unter Naturschutz. Da er sich nur langsam entwickelt und vermehrt, ist seine Population schnell dezimiert. Oft verfangen sich die Tiere in den industriellen Schleppnetzen, die über den Meeresboden gezogen werden.

Die Fischbestände sind so weit zurückgegangen, dass selbst die Supertrawler, Nylonnetze und Echolot-Fischfinder in britischen Gewässern nur noch einen geringen Bruchteil des Fangs an Land ziehen, den unsere Vorfahren in kleinen Segelschiffen gemacht haben. Ein Drittel der weltweiten Fischgründe sind ausgeplündert. Obwohl die meisten Staaten das Ausmaß dieser Zerstörung eingestehen, wird die kommerzielle Fischerei nach wie vor gefördert, sodass der Raubbau an den Meeren ungehemmt weitergeht. Der Bestand des Großen Glattrochens wurde bereits um über 80 % verringert.

# EUROPÄISCHER AAL

*Anguilla anguilla*

Wissen sie von den Flüssen, die sie erwarten? Kennen sie den Graureiher, der voller Vorfreude lauert? Die Schatten der Bäume und den Geruch feuchter Erde?

Ihre Geschichte beginnt 5000 Kilometer entfernt in der warmen Sargassosee, unter dem goldenen Baldachin der Golftange. Dieses Meer hat keine Küsten und ist weltweit das einzige Gewässer, das nicht von Land, sondern von vier Strömungen begrenzt wird. Es liegt rund 1600 Kilometer östlich von Bermuda und ist so groß wie Mitteleuropa. Nur hier laicht der Europäische Aal.

Die Eier sind rund und durchsichtig, wie Luftblasen. In ihrem Inneren befindet sich ein dunkler Öltropfen: der nahrhafte Dotter, der die Aale an ihren ersten Lebenstagen versorgt. Sie sind geborene Wanderer. Nur einen Tag alt, nicht einmal einen Zentimeter lang und zart wie eine Kaulquappe – dennoch schwimmen sie tapfer durch das Meer und machen sich auf den Weg in ein unbekanntes Land. Niemand weiß, warum sie die vertrauten Gewässer verlassen. Die meiste Zeit lassen sie sich wie blinde Passagiere auf dem warmen Golfstrom treiben. Die Strömungen tragen sie nach Europa, wo sie nach etwa zwei Jahren ankommen.

Sie beginnen ihre Reise als Leptocephali, »schmale Köpfe«. Ihre Augen sind groß und dunkel, ihr Körper durchsichtig und flach wie ein Weidenblatt, weswegen man sie auch »Weidenblattlarven« nennt. Nähern sie sich der Küste, werden sie länger und röhrenförmig, ihr Maul wird weicher und gerundeter. Wenn die Schwalben zurückkehren, sammeln sich die Glasaale in Mündungsgebieten von Großbritannien bis Russland.

Man vermutet, dass sie der Geruch des Festlands anzieht, gerade rechtzeitig, um von der Springtide flussaufwärts getragen zu werden. Im Süßwasser verfärben sie sich silbern – zu sogenannten Blankaalen, die seichtere, belebtere Gewässer aufsuchen. Erst jetzt wird ihr Geschlecht festgelegt. Warum und wie ist nicht bekannt.

Mit heldenhafter Entschlossenheit schwimmen sie gegen den Strom des Flusses. Um zu ruhen, klammern sie sich an Steine. Nur wenigen gelingt es, Wehre, Lachstreppen und Staudämme zu überwinden. Am weitesten wandern die Weibchen, während die Männchen näher am Meer bleiben. Aale sind Einzelgänger und wenn sie ein passendes Stück Fluss gefunden haben, bleiben sie bis zu 20 Jahre dort. Sie ernähren sich von Würmern, Insekten, Weichtieren und Fröschen und sie verstecken sich vor Ottern, Reihern und Dommeln. Nun sind sie schlammbraun und olivgrün mit einem gelblichen Schimmer, sodass sie am Flussbett und im Schilf gut getarnt sind. Mit ihren Schuppen, den kaum sichtbaren Kiemen und den wendigen Bewegungen erinnern sie an Schlangen, aber ihr vorstehendes Maul und ihre großen Augen – pechschwarz mit silbernem Rand – sind die charakteristischen Merkmale eines Fisches.

Der Aal zittert in der Strömung. Mit seinem schaufelförmigen Kopf kann er im Schlamm graben und sich zwischen Steinen einbuddeln. Er ist scheu und jagt nur bei Nacht. Im Winter verfällt er in eine Winterstarre und bewahrt das Fett, das ihn auf seiner Heimreise ernähren wird. Ausgewachsene Aale sind faustdick und länger als ein Arm. Sie greifen Beute an oder flüchten rasch.

Niemand weiß, warum sie ins Meer zurückkehren. Ihre Reise beginnt bei Neumond, in einer feuchten, sternlosen Oktobernacht, bald nach der Ankunft der Lachse, wenn der Wasserstand in den Flüssen hoch ist. Im Schutz der Dunkelheit schwimmen sie flussabwärts. Manche wandern ein Stück über Land oder

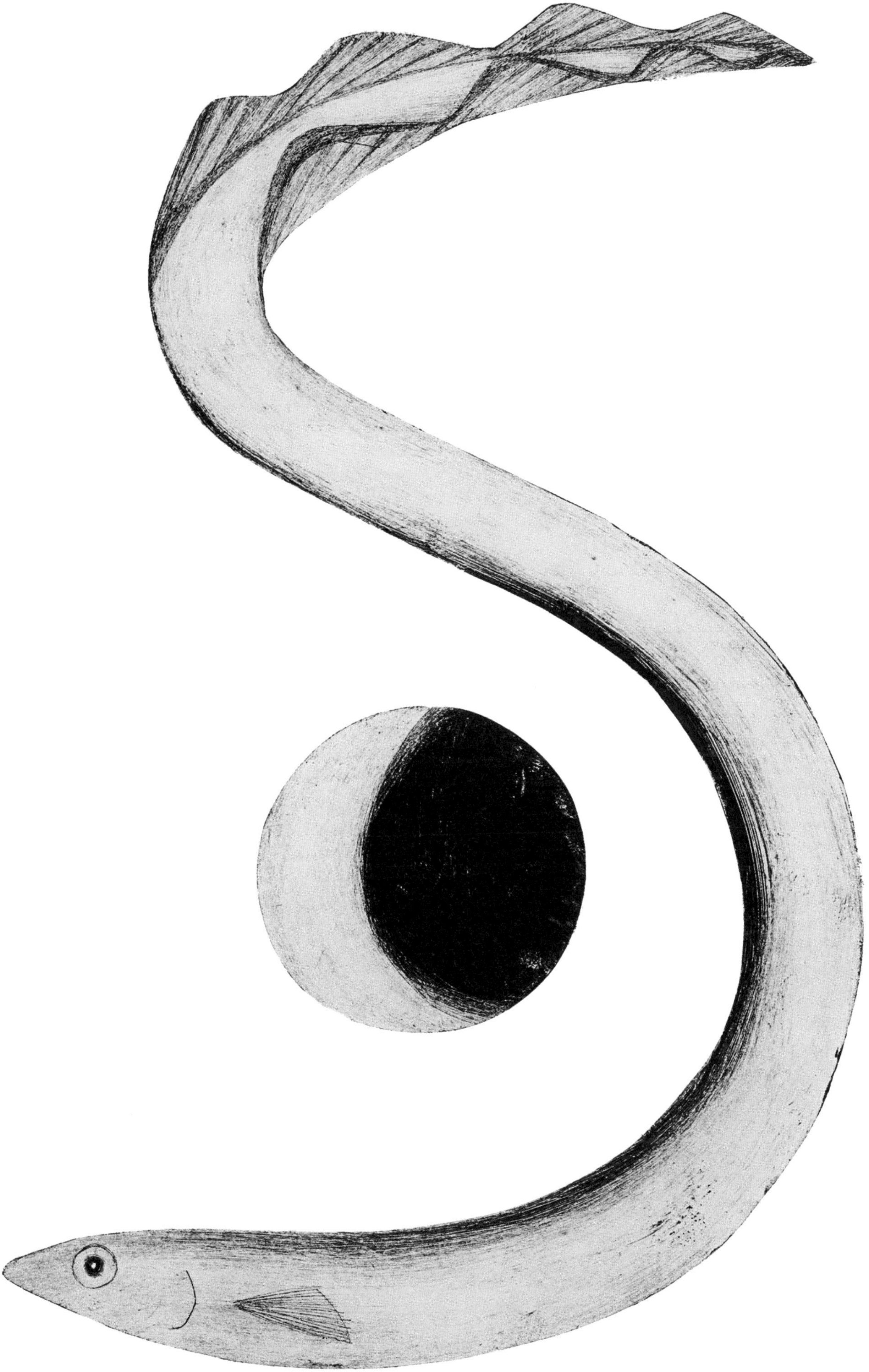

durch Wassergräben, um Dämmen auszuweichen. Dabei atmen sie durch die Haut. Sobald sie die Mündungsgebiete erreichen, passen sie sich wieder an das Meer an. Ihre Haut wird dicker, die Flossen breiter und ihre Unterseite dunkler. Ihre Augen vergrößern sich und entwickeln Pigmente für das Sehen im Meer. Ihr Verdauungstrakt bildet sich zurück, sodass sie nicht mehr fressen können. Auf ihrem 5000 Kilometer langen Weg in die Sargassosee zehren sie ausschließlich von den Energiereserven, die sie während ihrer Zeit im Fluss gespeichert haben.

Um Feinden aus dem Weg zu gehen, bleiben sie in der Tiefe und schwimmen nur nachts an der Wasseroberfläche. Man fand sie schon in den Mägen von Laternen- und Viperfischen, die in 1000 Metern Tiefe leben, aber noch niemand hat ihre ganze Reise mitverfolgt oder sie beim Laichen gesehen.

Seit Millionen von Jahren wandern die Aale zur Fortpflanzung in die Sargassosee. Der Lebensraum in diesem küstenfernen Meer, einem der tiefsten Bereiche des Atlantiks, gibt noch viele Rätsel auf. Hier leben Korallen, Schwämme, ein nur dort heimischer Anglerfisch und viele noch unerforschte Organismen. Man sieht Buckelwale auf der Durchreise, Heringshaie gebären hier und Schildkröten, die aus dem Tausende Kilometer entfernten Amerika ankommen, verbringen hier ihre Kindheit. Fliegende Fische bauen in den Golftangen ihre Schaumnester. Wahoos, Regenbogenmakrelen und Drückerfische tummeln sich unter den Tangwäldern, während Meeresvögel auf ihnen ruhen.

In Großbritannien gab es einst so viele Aale, dass die Menschen sie mit Kissenbezügen fingen und Aal-Wettessen abhielten. Man stellte aus ihnen Dünger und Tiernahrung her, aber 2015 war ihr Bestand bereits so gering, dass beim Wettessen in Gloucestershire statt Aal ein spanisches Aal-Imitat aus Surimi serviert wurde.

Europäische Aale pflanzen sich nicht in Gefangenschaft fort und die meisten Jungtiere wachsen zu Männchen heran. Obwohl der Export von Europäischen Aalen in Länder außerhalb der EU verboten ist, werden pro Jahr rund 350 Millionen Glasaale nach Japan und China geschmuggelt. Definierte man die Schwere eines Umweltverbrechens über die Zahl der gehandelten Tiere, wäre dieses das schlimmste auf der Welt.

In den letzten 30 Jahren ist der Bestand an jungen Aalen um 90 % gesunken. Die steigenden Temperaturen schwächen die Strömungen, die sie über den Atlantik treiben. Chemikalien, wie beispielsweise polychlorierte Biphenyle (PCB), wurden bis zum Jahr 1986 in Flammschutzmitteln, Klebstoffen, Pestiziden, Schmiermitteln, Kunststoffen, Farben und Papier verwendet – und sie gelangen immer noch in die Umwelt. Sie töten die Aal-Embryos und machen die ausgewachsenen Tiere unfruchtbar. PCB haben eine lange Halbwertszeit und sind krebserregend. Die Turbinen von Wasserkraftwerken brechen den Aalen die Wirbelsäulen und verletzen ihre inneren Organe. Der Tod eines Weibchens bedeutet auch den Verlust von Millionen Eiern, die es in sich trägt. Dabei könnte man die Turbinen einfach während der ungefähr 20 Tage dauernden Aalwanderung anhalten und Aalrutschen aufstellen.

Von einer Million Aalen, die jedes Jahr ihre Reise aus der Sargassosee antreten, kehrt geschätzt nur ein Tier dorthin zurück. Wir machen ihnen den Weg unnötig schwer und riskieren ihr Leben, bevor wir überhaupt herausgefunden haben, wie es entsteht.

# SEEOTTER

*Enhydra lutris*

Der Otter dreht sich wie ein dunkler Ball unter der Wasseroberfläche und bläst Luft in sein Fell, das von allen Tieren das dichteste ist: Auf einem Quadratzentimeter Haut stehen rund 100.000 Haare. Dazwischen sammeln sich Luftblasen, die ihn vor der Kälte des Pazifiks schützen und ihm im Wasser Auftrieb geben. Die Otter treiben auf dem Rücken wie auf einer Hängematte liegend durch den Tang. Mit ihren hellen Schnurrhaaren, runden Gesichtern, schwarzen Stupsnasen und dunklen Knopfaugen sehen sie ernsthaft und süß zugleich aus. Einige betreiben Fellpflege. Im Gegensatz zu anderen Meeressäugern haben Otter keine Fettschicht und sind komplett auf ihren isolierenden Pelz angewiesen.

Eine Ottermutter schwimmt mit ihrem Jungen über die sanften Wellen. Sie wickelt Tang um das Junge und bindet es so an sich, damit es nicht davontreibt, während sie nach Futter sucht. Das Kleine hat so viel Luft im Fell, dass es noch nicht unter Wasser schwimmen kann. Die Mutter dreht sich um, atmet ein und taucht in einem anmutigen Bogen unter. Ihr nasser Pelz glänzt im Licht, als sie erst hochschnellt und sich dann mit aneinandergelegten Füßen in die Tiefe stößt. Auf dem Meeresgrund sucht sie zwischen den Tangstielen nach Seeigeln. Sie hebt einen auf und steckt ihn in eine speziell dafür existierende Hautfalte unter ihrem Vorderbein. Dann nimmt sie noch einen, bevor sie sich vom Boden abstößt und an die Oberfläche schwimmt. Dort findet sie ihr Junges, macht eine Rolle, hält einen Seeigel in den Pfoten und beißt geräuschvoll hinein. Der Seeotter gehört zu den wenigen Tieren, die Werkzeuge verwenden. Sie treiben auf dem Rücken und legen sich einen Stein auf die Brust, auf dem sie dann wie auf einem Amboss Muscheln und Meeresschnecken knacken.

Seeotter werden immer noch wegen ihres weichen, dichten Fells getötet. Im frühen 20. Jahrhundert wurden sie fast ausgerottet. Da es so wenige Otter gab, vermehrten sich die Seeigel zu stark und fraßen der Riesenseekuh den Tang weg. Als Folge davon starb diese Seekuh nur 27 Jahre nach ihrer Entdeckung aus. Im Jahr 1911 wurde die Pelzjagd durch ein Abkommen stark beschränkt und der Otterbestand erholte sich.

Ohne Seeotter gäbe es keine Tangwälder vor der nordpazifischen Küste. Der Tang hier wächst bis zu 50 Meter hoch, dem Licht entgegen. Tangwälder reinigen das Wasser, bieten vielen Arten einen Lebensraum und Fischen eine Kinderstube. Seetang bindet jährlich 600 Millionen Tonnen Kohlenstoff, etwa die doppelte Menge der Emissionen, die Großbritannien verursacht.

Ausgelaufenes Erdöl vergiftet die Otter und zerstört die isolierenden Eigenschaften ihres Fells, ohne das sie innerhalb kurzer Zeit erfrieren. Viele Otter leiden an Erkrankungen, die mit dem Insektizid DDT, mit PCB und mit dem Tributylzinn aus Schiffsanstrichen in Verbindung gebracht werden. Diese Gifte lagern sich in der Umwelt und in den Beutetieren der Otter an. Im Jahr 2015 starben 300 Seeotter als Folge der giftigen Algenblüte, die sich aufgrund der Meereserwärmung ausbreitet. Wenn wir die Otter und damit auch den Tang schützen, erhalten wir dieses wichtiges Ökosystem und einen großen Kohlenstoffspeicher im Meer.

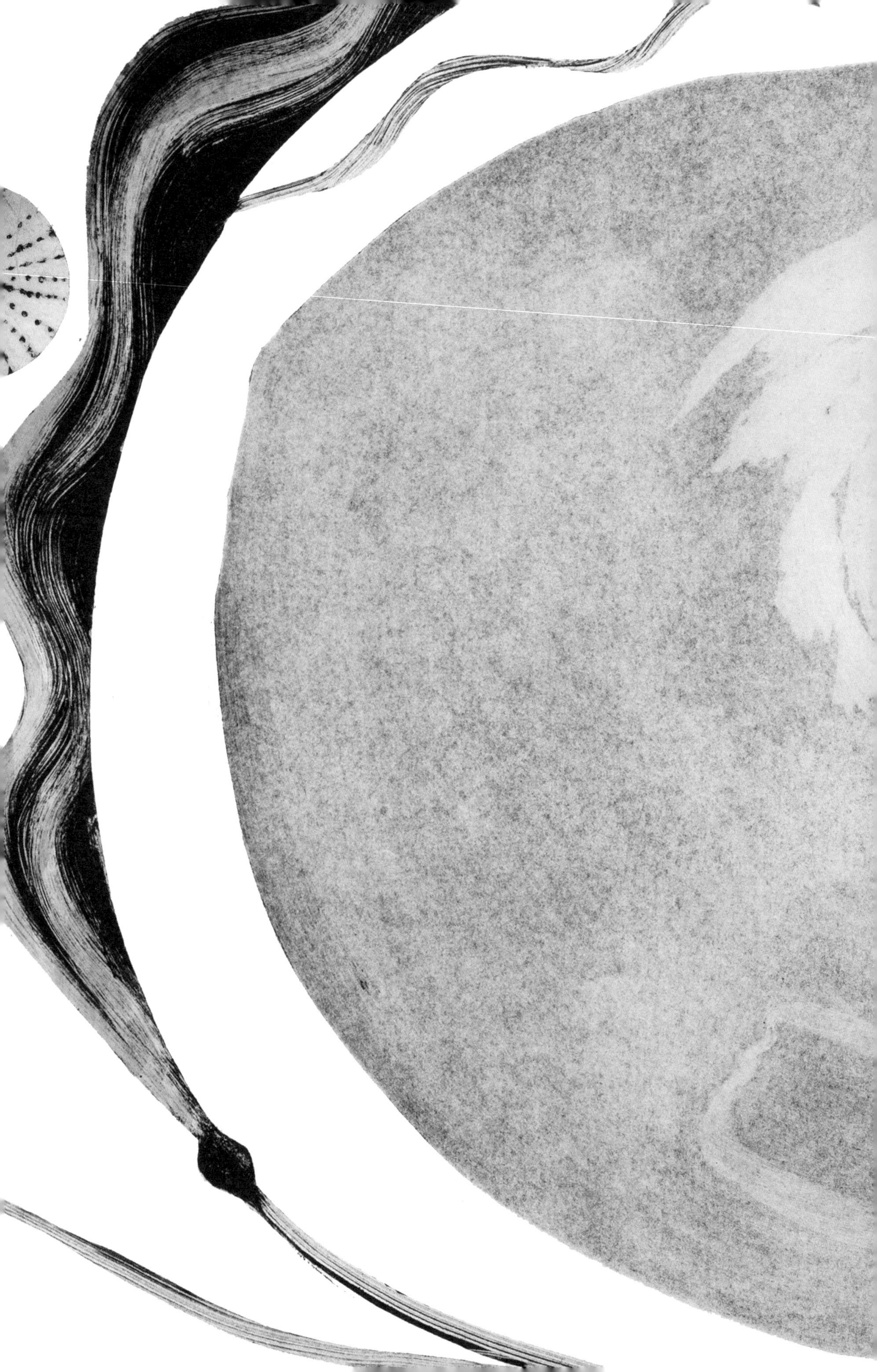

# SEEGRAS

Die Blätter wogen sanft und recken sich dem trüben Licht entgegen. Ein Seepferdchen lehnt sich an einen Seegrashalm. Auf den ersten Blick sieht es aus wie ein verlorenes Spielzeug. Es hält sich mit dem Schwanz an einer Wurzel fest und trotzt der Strömung. Es ist ein Fisch, mit Kiemen und großen, intelligenten Augen, die sich unabhängig voneinander bewegen können. Sein Körper ist mit eckigen Knochenplatten bedeckt und lässt an einen Drachen denken. Mit seiner flatternden Rückenflosse schwimmt es etwas unbeholfen. Die gewölbte Brust und der aufrechte Kopf erinnern an den Springer im Schach, sehen aber zarter und weniger militärisch aus. Sein Schwanz ringelt sich wie ein Tentakel oder ein Wurm. Ein zweites Seepferdchen taucht auf. Sie blicken sich an und tanzen. Dann steigen sie Seite an Seite senkrecht hoch und drehen sich wieder zueinander, ihre Farbe golden wie der Seetang.

Die Seegraswiesen sind ihr Zuhause. Hier gibt es reichlich Nahrung und gute Plätze, um sich vor Krabben zu verstecken. Die größten Gefahren drohen den Seepferdchen weltweit durch die traditionelle chinesische Medizin und den Heimtierhandel. In Großbritannien ist es der Verlust ihres Lebensraums. Seegraswiesen gehören zu den ältesten Ökosystemen: Eine im Mittelmeer ist geschätzte 200.000 Jahre alt.

Seegräser sehen wie Gras aus, sind aber näher mit Ingwer und Seerosen verwandt. Sie sind Pflanzen, die unter Wasser blühen – statt von Bienen werden sie von Garnelen bestäubt, statt vom Wind durch die Strömung. Die Jungfische des gefährdeten Kabeljaus verstecken sich zwischen den Blättern. Seegraswiesen sind die Kinderstube für die fünf gängigsten Speisefische sowie Hunderte andere Fischarten, aber wir zerstören stündlich einen Hektar dieser Ökosysteme. In Großbritannien ist über die Hälfte verschwunden.

Seegras erzeugt große Mengen an Sauerstoff, der eine desinfizierende Wirkung hat: Korallenriffe, neben denen Seegraswiesen wachsen, haben nur die Hälfte der Krankheiten, die sie ohne die Pflanzen hätten. Man schätzt, dass allein im Mittelmeer die Ballen aus totem Seegras, die sich auf dem Meeresgrund bilden, 900 Millionen Plastikteilchen aufnehmen. Werden sie an Land gespült, nehmen sie das Plastik mit.

Seegras reduziert den Säuregehalt des Wassers, was die Schalentiere schützt. Seine Wurzeln stabilisieren den Meeresboden an der Küste. Vögel wie die Ringelgans kommen in Schwärmen an, um das Gras zu fressen. Manche Seegrasarten absorbieren $CO_2$ mit der 35-fachen Effizienz von Regenwäldern. Wenn sie sterben, zerfallen sie ins Sediment, wo auch der von ihnen aufgenommene Kohlenstoff begraben wird.

In Großbritannien gibt es vier Arten von Seegras. Bedroht werden sie durch Küstenbebauung, Bagger, Grundschleppnetze, Abwässer sowie Chemikalien aus Industrie und Landwirtschaft. Dies tötet das Seegras, fördert aber das Wachstum giftiger Algen, die den Wiesen das Licht wegnehmen. Es gibt riesige Küstenbereiche, die mit Seegras bepflanzt werden könnten, um auf einfache Weise das Meer neu zu beleben und Kohlendioxid aus der Atmosphäre zu ziehen.

# KARIBIK-MANATI

*Trichechus manatus*

Behäbig bewegt sich der Karibik-Manati durch die seichten Gewässer vor der Küste Floridas, wie ein Unterwasser-Zeppelin. Er hat eine dicke, borstige Schnauze, umschattete Augen und eine gespaltene Oberlippe, die wie dafür gemacht ist, Seegras abzukauen. An der Unterseite hängen die Vorderflossen, mit deren Hilfe er schwimmt und über den Meeresboden läuft. Die spatenförmige Schwanzflosse treibt ihn mit stetem Auf und Ab voran. Eine sanfte Drehung reicht, um die Richtung zu wechseln. Manatis sind Einzelgänger, aber im Winter wärmen sie sich in Gruppen an heißen Quellen auf. Bei diesen Treffen rollen sie verspielt herum und umarmen sich so eng, wie es ihre Stummelflossen erlauben. Die Kälber bleiben bis zu zwei Jahre bei ihrer Mutter. Manatis werden bis zu vier Meter lang, wiegen eine halbe Tonne und können 60 Jahre alt werden. Sie sind die einzigen Meeressäuger, die reine Pflanzenfresser sind. Sie trinken Süßwasser und weiden am Seegras, das Licht und klares Wasser braucht, um Photosynthese zu betreiben.

Sonne und Wärme machten Florida auch für Menschen zu einem attraktiven Ort und Ressourcen wurden knapp. Trockenlegung, Klimawandel und die Umleitung von Wasser haben den Fluss des Lake Okeechobee in die Everglades und damit auch ins Meer um die Hälfte reduziert, was den Salzgehalt des Wassers vor der Südostküste veränderte. Jährlich werden in Florida fast zwei Millionen Tonnen Düngemittel verwendet. Ein Großteil davon gelangt ins Wasser und verursacht Algenblüte, die dem Seegras das Licht verdunkelt. Es stirbt ab und gibt Schadstoffe frei, die die Manatis vergiften.

Der Verlust des Lebensraums sowie Verletzungen durch Netze und Schiffsschrauben führte dazu, dass der Bestand an Manatis im Jahr 1997 nur noch 2000 Tiere betrug. Durch Schutzmaßnahmen stieg die Zahl in Florida wieder auf 7000 an. Schleusentore werden nun mit Sensoren gesteuert, wenn Manatis in der Nähe sind und für Boote gilt eine Geschwindigkeitsbegrenzung. Aber auf den Antillen und entlang der Westküste Mittel- und Südamerikas sinkt die Manati-Population weiterhin.

In Florida gibt man sich Mühe, aber das Hauptproblem besteht nach wie vor: Chemikalien aus der Landwirtschaft vernichten das Seegras. Im Jahr 2021 starben zahlreiche Manatis während einer Algenblüte, die ein Jahr lang dauerte. Die überlebenden Tiere hungern und müssen auf der Suche nach Futter immer weiter in künstliche Wasserwege vordringen.

Manatis sind verspielt, zutraulich, neugierig und sanftmütig. Sie mögen es gemütlich. Sie haben keine natürlichen Feinde, aber ihr langfristiges Überleben hängt davon ab, ob die Farmer, Golfer, Jet-Ski-Fahrer und Rennboot-Liebhaber, die in Scharen nach Florida kommen, ihren Lebensraum respektieren.

# THEISS-FLIEGE

*Palingenia longicauda*

Es geschieht im Dämmerlicht eines Juniabends, wenn die Schatten lang sind und das Licht jeden Grashalm zu berühren scheint. Das Ufer ist von Schilf und Nesseln gesäumt. Weiden hängen über den gemächlich fließenden Fluss. Die Luft bewegt sich nicht und das warme, ruhige, saubere Wasser bietet den perfekten Ort.

Die Nymphen der Eintagsfliege warten in ihren Gängen im Sediment des Flussbetts seit drei Jahren auf diesen Moment – zwischen Wurzeln und toten Blättern, tagsüber versteckt vor Fischen und Fröschen, nachts auf der Suche nach Kieselalgen. Heute tauchen sie auf, zuerst die Männchen und eine halbe Stunde später die Weibchen. Sie entleeren ihren Darm, füllen ihn mit Luft und steigen an die Oberfläche. Manche versuchen, zurück in das sichere Flussbett zu schwimmen, werden aber hochgezogen. Die Entschlossenen, die rasch zum Licht schwimmen, haben die größte Überlebenschance. Sie durchbrechen die Wasseroberfläche und sehen eine neue Welt, warm und hell. Ihre Flügel öffnen sich. Sie strecken sich und wirken noch unbeholfen: leichte Beute für Fische, Libellen und Wasserkäfer.

Manche suchen den Schutz des Ufers auf. Ihnen wachsen Fortpflanzungsorgane, Beine und Hinterleibe. Sie können nicht mehr essen oder trinken. Sie häuten sich und zum Vorschein kommen zerknautschte, glänzende, blassgelbe Körper mit Kopf, Fühlern und gegabelten Schwanzfäden. Die Gesamtlänge der Theiß-Fliege beträgt zwölf Zentimeter. Damit ist sie die größte Eintagsfliege Europas. Ihre Flügel entfalten sich. Anders als bei anderen Insekten werden sie nicht nach hinten geklappt, sondern wie Segel aufgestellt. Die Form der Flügel erinnert an Ahornsamen. Jetzt haben die Fliegen nur wenige Stunden Zeit, um einen Partner zu finden.

Die Fliegen schwärmen zu Millionen los und verdunkeln fast den Himmel. Das Flattern ihrer winzigen Flügel kann man noch in 50 Metern Entfernung hören. Sie wirbeln durch die Luft. Ihre langen Schwanzfäden kräuseln die Wasseroberfläche. Manche steigen kaum hoch, sondern gleiten über den Fluss, nach vorn gebeugt wie ein Schlittschuhläufer. Dann beginnt ihr Hochzeitstanz, denn die Zeit wird knapp. Fische springen mit aufgerissenen Mäulern aus dem Wasser und Vögel, später auch Fledermäuse, schnappen sich die Fliegen.

Nach der Paarung fallen die Männchen ins Wasser und werden von der Strömung mitgerissen oder von Fischen gefressen. Die Weibchen tragen rund 9000 Eier flussaufwärts und legen sie zehn Kilometer entfernt auf dem Wasser ab. Sie haben ihre Lebensaufgabe erfüllt, sterben und werden weggespült. Die Nacht bricht herein und die Luft im Wald kühlt ab. Am Fluss ist wieder Ruhe eingekehrt. Die Eier sinken zu Boden, wo sie nach 45 Tagen schlüpfen und sich in den Schlamm einbuddeln, sofern sie nicht von Schnecken oder Köcherfliegenlarven gefressen werden. Dort bleiben sie 1095 Tage lang.

In der Vergangenheit konnte man dieses Phänomen an vielen Flüssen Europas beobachten. Vor dem 20. Jahrhundert gab es so viele Theiß-Fliegen, dass man sie als Dünger verwendete. Dann wurden Dämme errichtet und Flüsse angezapft. Man betrieb intensive Landwirtschaft. Die Fliegen verschwanden und sind heute nur noch am Fluss Theiß in Mitteleuropa zu finden.

Eintagsfliegen reagieren empfindlich auf ihre Umwelt und sterben in verschmutztem Wasser. Chemikalien aus der Landwirtschaft vergiften ihren Lebensraum. Das Verschwinden der Fliegen zeigt uns ganz deutlich, dass unser Wasser nicht so sauber ist, wie es oft aussieht.

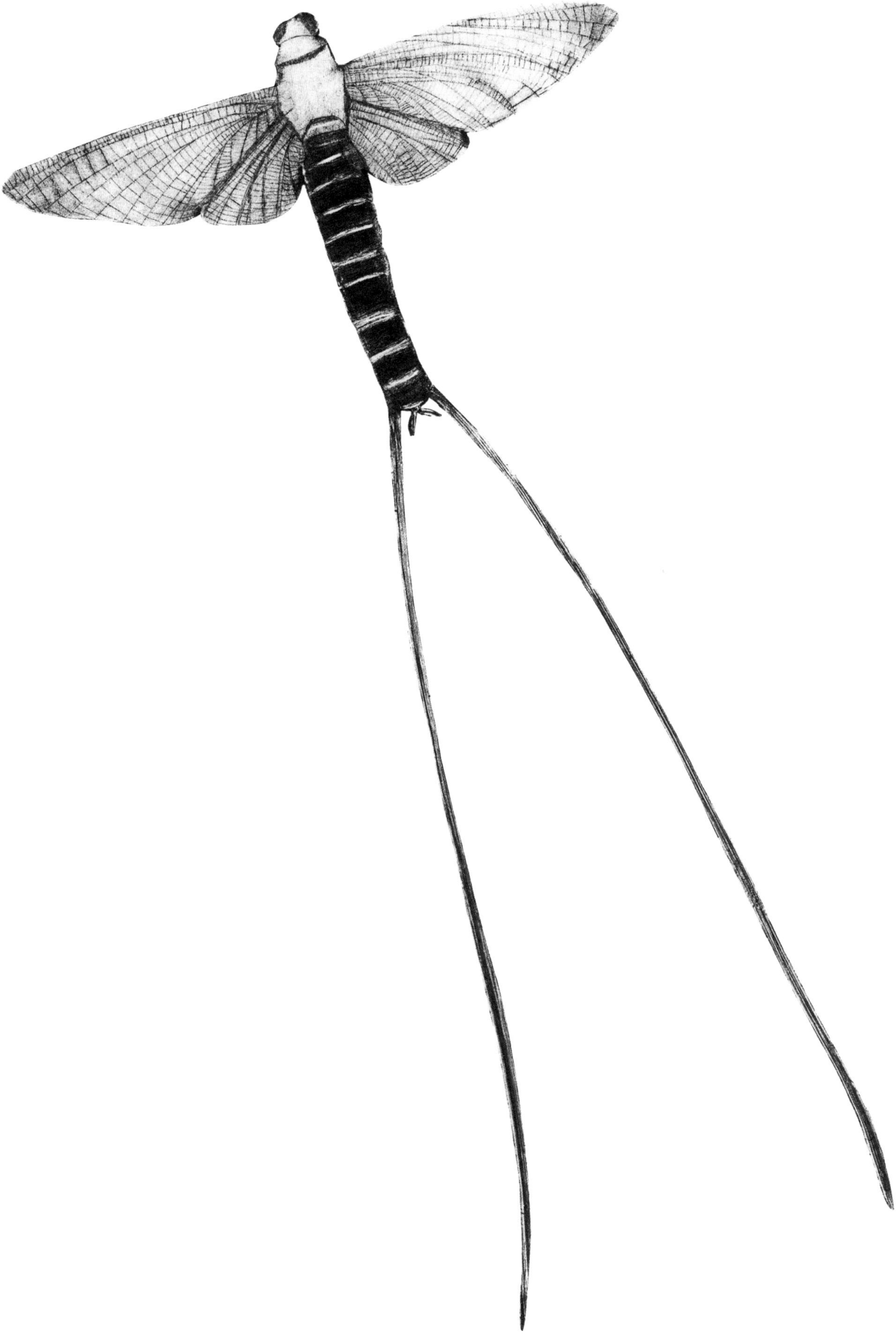

# WILDLACHS

In der trüben Brühe aus Schuppen, Kot, Chemikalien und Antibiotika schwimmen Lachse im Kreis. Manche sind blind, manche verkrüppelt und sehen aus wie die Karikatur eines Fisches. Einer treibt an der Kamera vorbei. Sein Kopf ist entzündet, Schuppen fehlen, die Haut von Pilzen befallen. Die meisten Lachse werden bei lebendigem Leib von Fischläusen gefressen. Da die Parasiten die Schuppen nicht durchdringen können, fressen sie Kopf und Hals, bis der Fisch stirbt. Die toten Tiere sinken im Käfig zu Boden und werden gelegentlich von Arbeitern mit einem großen Schlauch abgesaugt.

Die Lachsfarm liegt vor der Westküste Schottlands. Die Tiere verbringen ihr ganzes Leben in einem Käfig, der nur ein paar Meter breit ist. Fische können Schmerz empfinden und reagieren sensibel auf Geräusche, die sie über die Flanken und das Innenohr wahrnehmen.

Das Leben eines Wildlachses ist eine abenteuerliche und oft gefährliche Heldenreise, die sich über Tausende Kilometer erstreckt und schließlich mit der Rückkehr an den Geburtsort endet. In das klare Wasser des torfigen Flusses kullern die Eier. Der orangefarbene Laich ist klebrig und haftet an den Steinen. Das Wasser plätschert über den felsigen Boden und schließt dabei Luft ein: Sauerstoff für die erbsengroßen Eier.

Je nach Wassertemperatur schlüpfen die Jungfische bis zu zwölf Wochen später, im Frühling oder Sommer. Solange sie sich vom Dotter ernähren, bleiben sie in der von ihrer Mutter geschaufelten Laichkuhle. Man vermutet, dass sie sich den Geruch und Geschmack ihres Geburtsflusses einprägen. Wenn sie etwa fünf Zentimeter lang sind, begeben sie sich weiter in den Fluss. Anfangs orientieren sie sich mithilfe der Schwerkraft, wenn sie größer werden am Licht und an der Strömung. An ihren Seiten bilden sich blaugraue Flecken. Auf dem Weg flussabwärts treiben sie mit der Schwanzflosse voraus, damit die Strömung kein Wasser in die Kiemen drückt.

Im Mündungsgebiet zum Meer passen sich die Lachse an das Salzwasser an, was die meisten Süßwasserfische nicht können. Sie entwickeln eine schützende Schleimschicht, zeigen weniger Territorialverhalten und lernen, im Schwarm zu schwimmen. Im Süßwasser speichern sie Salz, im Meer scheiden sie es aus. Die Farbe der Salzwasserlachse verändert sich. Aus den Tarnfarben wird ein blauschwarzer Oberkörper mit silbernen Flanken und einer weißen Unterseite. Von etwa 2500 Eiern reifen nicht einmal vier zu ausgewachsenen Lachsen heran.

Im Atlantik gibt es nur eine Lachsart, *Salmo salar*, aber im Pazifik sieben: Amago und Masu in Asien; Königs-, Keta-, Silber-, Rot- und Buckellachs in Nordamerika. Die Lachse im Nordatlantik zieht es in die Gewässer vor Grönland und Island, wo kaltes Wasser aus den Tiefen aufsteigt und Nährstoffe an die Oberfläche trägt. Die nordpazifischen Lachse, die aus Flüssen in Alaska, British Columbia und Oregon kommen, bleiben ein bis sieben Jahre lang im Meer. Manche schwimmen sogar bis nach Russland. Schließlich führt sie der Drang, abzulaichen, wieder an ihren Geburtsort zurück. Wenn sie sich der Küste nähern, orientieren sie sich am Geruch des Heimatflusses, um ihn zu finden.

Sobald die Fische im Süßwasser sind, verändern sich ihre Kiemen und Nieren wieder. Der Schutzschleim fällt ab und die Haut wird dicker. Der Pazifische Lachs verfärbt sich von silbern zu leuchtenden Rot-, Violett- und Grüntönen. Die Zähne und der Kiefer wachsen. Die Fische schwimmen bis zu 50 Kilometer am Tag flussaufwärts gegen den starken Strom an. Sie essen nicht mehr. Sie nutzen den Sog und die Kraft von Wasserfällen und Stromschnellen, um bis zu drei Meter hoch zu springen. An den Flüssen Nordamerikas warten hungrige Bären an den besten Fangplätzen und schnappen sich die Lachse aus der Luft. Die Reste des reichhaltigen Mahls lassen sie für andere Organismen liegen. Die ver-

rottenden Tiere sind Nahrung für den Wald: Die breiten Jahresringe der Bäume zeugen von der Fülle an Fisch. Sitka-Fichten, die vom Stickstoff aus dem Lachs angereichert werden, wachsen dreimal so schnell wie ohne diesen Dünger. Einer japanischen Studie zufolge gelangen die Nährstoffe aus dem Laub dieser Bäume, das auf dem Waldboden verfault, wieder zurück in die Flüsse und schließlich ins Meer, wo sie das Plankton füttern, das wiederum von den Lachsen gefressen wird.

---

Wenn das Lachsweibchen eine lose, saubere Stelle im Flussbett findet, gräbt es mit der Flosse eine Laichkuhle, in die es die Eier legt. Das Männchen befruchtet die Eier und das Weibchen bedeckt sie dann mit Kies. Nun sind die Lachse am Ziel ihres Lebens angelangt. Ihre Kraft lässt nach und für die meisten endet es hier, beim vertrauten Geruch und Geschmack ihres Geburtsflusses. Die Pazifischen Lachse sterben nach dem Laichen, aber einige Atlantische Lachse wandern wieder ins Meer und wiederholen den Kreislauf.

Die Zahl der Wildlachse schrumpft. Aufgrund von Überfischung sind sie in manchen Flüssen fast komplett verschwunden. Lachse laichen nur in kühlem Wasser. Bei steigenden Temperaturen verlassen sie die südlichen Flüsse. Auf dem Weg zu ihren Laichplätzen werden sie von Staudämmen aufgehalten. Oder sie passieren Fischfarmen, die Krankheiten und Läuse verbreiten.

Über die Tiere, die sie fressen, nehmen die Lachse Gifte wie PCB und Quecksilber auf. Schottische Fischfarmen dürfen zum Töten von Läusen 16 Chemikalien einsetzen, darunter auch Formaldehyd, das krebserregend ist, und Emamectinbenzoat, das für Meeresvögel und Krebstiere giftig ist.

Aquakultur wird oft als die Fischproduktion der Zukunft bezeichnet. Aber Krill aus den Meeren und Soja aus Brasilien um die halbe Welt zu transportieren, um Fische zu füttern, ist alles andere als nachhaltig.

Das Protein und das Fett, mit dem die Zuchtlachse gemästet werden, werden aus Fischen aus Entwicklungsländern hergestellt. Eigentlich sollten sie den Menschen dort als Nahrung dienen. Jährlich wird ein Fünftel des weltweiten Fangs zu Fischmehl und -öl verarbeitet. Der Großteil davon wird in Aquakulturen verfüttert. Auch ein rosa Pigment wird beigemengt, da das Fleisch der Zuchtlachse sonst ein unappetitliches Grau hätte.

So ersetzen wir die Fülle und die Kreisläufe der Natur durch eine schädigende, untragbare Produktionskette.

---

Der Wildlachsbestand im Pazifik ist um 99 % gesunken und sinkt im Atlantik seit Jahrzehnten. Die meisten Speiselachse stammen mittlerweile aus Aquakultur.

Ein Stammesmitglied der Agaidika aus Idaho sagte in einem Interview: »Bevor der Mensch sprechen konnte, sprachen die Fische und sie handelten mit uns, damit wir sie beschützen und für sie sprechen würden, wenn die Zeit reif ist. Und jetzt ist die Zeit reif.«

Als man ihn fragte, was der Verlust der Lachse bedeuten würde, sagte er: »Das wäre der Anfang vom Ende.«

# FLUSS-PERL-MUSCHEL

*Margaritifera margaritifera*

Ein alter Hillman-Kombi holpert auf den Straßenrand. In der Ferne fällt das fahle Licht der Sonne auf eine blasse Moorlandschaft und einen silbrigen Fluss, der ungewöhnlich still erscheint. Eine Stimme aus dem Off erzählt, dass Bill der letzte Perlenfischer am South Esk sei und der Mann, der aus dem Auto steigt, sein 83-jähriger Vater, der sagt, dass es zu seiner Zeit 20 Perlenfischer an diesem Abschnitt des Flusses gab.

Der Sprecher der Wochenschau aus dem Jahr 1961 erklärt, dass die große Kiste, die Bill vom Autodach nimmt, das traditionelle Boot der Perlenfischer ist. Es ist so groß wie ein Doppelbett, fast quadratisch und hat einen Boden aus Segeltuch. Bill setzt das Boot in den Fluss, zieht seine Jacke aus, dreht seine Schiebermütze mit dem Schild nach hinten und steigt ins Boot. Er liegt auf dem Bauch und blickt durch einen Eimer mit Glasboden. In einer Hand hält er einen gegabelten Stock, mit der anderen steuert er und hält den Eimer, während er flussabwärts treibt. Man sieht, wie er eine Muschel findet und aus dem Wasser watet. Sie ist groß, so groß wie seine Hand, was bedeutet, dass sie älter als Bills Vater sein muss. Mit einem Klappmesser knackt Bill die Muschel und drückt eine Perle heraus.

Angeblich war die Perlmuschel, die sich gegen Ende der letzten Eiszeit in Großbritannien ansiedelte, einer der Gründe für die Invasion der Römer. Im 12. Jahrhundert wurden schottische Perlen in Europa gehandelt. Im 18. Jahrhundert ging der Bestand der Flussperlmuschel bereits zurück. Im Jahr 1998 wurde die Perlenernte verboten. In Großbritannien gibt es nur noch in Schottland eine überlebensfähige Population – die größte Europas. In England gibt es einen letzten Bestand von 500 Tieren, der jedoch stetig sinkt. Selbst in vielen schottischen Flüssen vermehren sich die Muscheln nicht mehr. In Nordamerika starben im letzten Jahrhundert 30 Arten von Süßwassermuscheln aus.

Weltweit gibt es 890 Arten von Süßwassermuscheln und *Margaritifera margaritifera* ist eine der größten. Sie kann 130 Jahre alt werden, im nördlichsten Bereich ihres Lebensraums sogar 200. Sie mag kalte, saubere, steinige, schnelle Flüsse, die leicht sauer oder pH-neutral und frei von Torf, Schluff und Pflanzen sind.

Die Muschel ist ein Filtrierer mit zwei symmetrisch angeordneten Klappen, zwischen denen sich ihr Mund, ihr Mantel, ihr Verdauungstrakt, ihr Herz und ihre Muskeln befinden. Die Schale öffnet sich gerade weit genug für den Fuß, mit dem sich die Muschel festhält, über das Flussbett kriecht oder sich zu zwei Dritteln ihrer Länge in den Boden eingräbt. Außen an der Schale sieht man Wachstumslinien – eine für jedes Lebensjahr.

Um ihren Lebenszyklus zu vollenden, ist *M. margaritifera* auf die Lachsfische angewiesen. Im Juni und Juli ergießt das Männchen seinen Samen ins Wasser und das Weibchen atmet ihn ein. Die befruchteten Eier reifen in den Kiemen heran. Die Larven (Glochidien) werden schließlich ausgestoßen und heften sich an eine Forelle oder einen Lachs. Man weiß nicht, wie die Muschel merkt, dass der richtige Fisch in der Nähe ist. Die Glochidien beißen sich an den Kiemen des Fisches fest. Larven, die innerhalb von 48 Stunden keinen Wirt gefunden haben, sterben. Am Fisch wächst eine Zyste, die ihm nicht schadet, aber die die Glochidien an ihm befestigt.

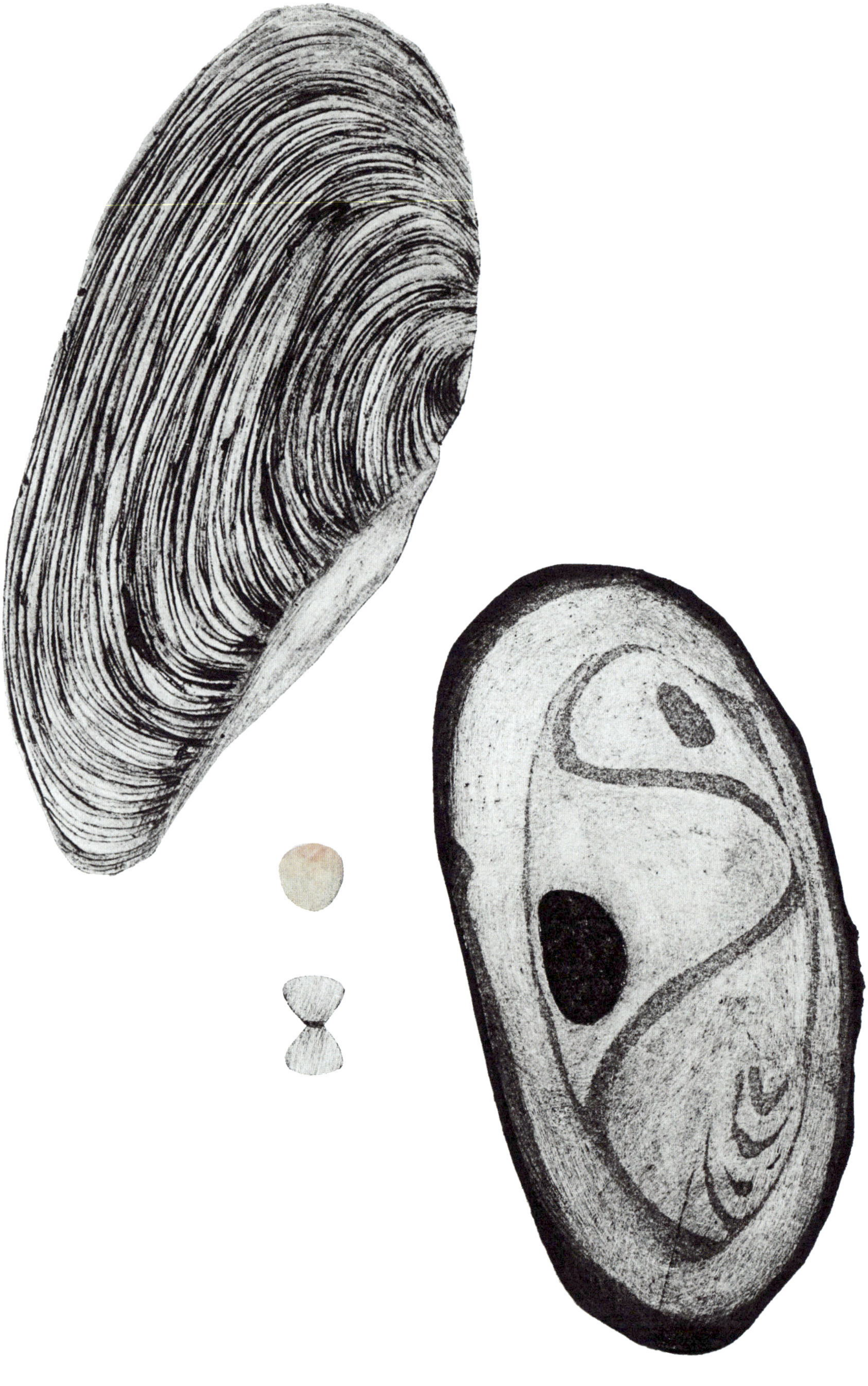

Interessanterweise stoßen Lachsfische andere Parasiten ab, akzeptieren die Glochidien aber, ohne daraus einen ersichtlichen Vorteil zu ziehen. Den Glochidien nützt der Sauerstoff in Kiemennähe und der Transport flussaufwärts. Nach ein paar Wochen fallen sie an einem neuen Ort vom Fisch ab und graben sich in den Kies. Sie sind immer noch so klein wie ein Sandkorn. Hier bleiben sie zehn bis 15 Jahre lang. Geschlechtsreif sind sie mit zwölf Jahren und dann beginnt der Kreislauf erneut. Ohne Lachsfische können die Muscheln nicht überleben. Dafür helfen die Muscheln dem Fisch, der saubere Flüsse braucht, indem sie das Wasser filtern.

Chemikalien aus der Industrie und der Landwirtschaft vergiften die Muscheln. Bauarbeiten und Nutztiere zerstören die Ufer und wirbeln Sediment auf. Das führt dazu, dass sich die Muscheln schließen und ersticken.

Düngemittel, Gülle und Abwässer fördern das Wachstum von Algenteppichen, die den Pflanzen unter Wasser Schatten machen, sodass sie absterben. Ihre Zersetzung entzieht den Muscheln und Fischen den Sauerstoff. Durch forstwirtschaftliche Arbeiten gelangt Torf in die Flüsse, wodurch das Wasser versauert. Zum Leidwesen für die Fische, aber auch der Muscheln, deren Schalen dadurch dünner werden. Die steigenden Temperaturen belasten den Stoffwechsel der Muscheln und verkürzen ihr Leben. Flussperlmuscheln werden auch gewildert.

*M. margaritifera* hat im Vergleich zu ihrer geringen Größe einen gewaltigen Einfluss auf ihre Umwelt. Täglich filtert jede Muschel 50 Liter Wasser: So viel, wie wir bei einer Dusche verbrauchen. In ihren Kiemen sammeln sich dabei Bakterien und Algen, die sie frisst. Auf diese Weise reinigt sie den Fluss, aber die Verschmutzung, die wir unseren Gewässern zumuten, kann von den Muscheln nicht bewältigt werden.

Der sinkende Bestand zeigt uns deutlich, dass unsere Flüsse nicht sauber sind. In England ist die Muschel bereits in fast all ihren ehemaligen Lebensräumen ausgestorben. Damit *M. margaritifera* gedeiht, müssen wir uns um das Einzugsgebiet ihrer Flüsse kümmern.

In den USA war das Aussterben der Muschel *Pleurobema johannis* im Fluss Mobile ein Hinweis an die Bevölkerung, dass die Industrie entlang des Ufers auch für ihre eigenen Krebserkrankungen und kurze Lebenserwartung verantwortlich ist. Wenn wir unseren Kindern saubere Flüsse hinterlassen wollen, brauchen wir *M. margaritifera*. Sie hat kein Gehirn, aber sie hat ein Herz, und das pumpt unablässig, solange sie lebt, sodass sie das Wasser unzähliger Lebewesen reinigen kann.

# ISABELL-BRACHVOGEL

*Numenius madagascariensis*

Der Schwarm fliegt das andere Ufer entlang. Die gelben Lastenkräne, die sich über das silbrigblaue Wasser erheben, sehen wie riesige Stahlmodelle der Vögel aus. Vom Boden aus betrachtet wirken die Flügel der hellbraunen Tiere wie Pfeilspitzen, die Richtung und Geschwindigkeit vorgeben. Der Schwarm kreist: Hunderte Vögel fliegen im gleichen Winkel in dieselbe Richtung. Mit gesenkten Beinen und gekippten Flügeln trotzen sie dem Wind und schlagen dagegen an.

Sobald die Füße den Schlamm berühren, werden die Flügel eingeklappt und die Brachvögel suchen sofort nach Futter. Die langen Beine kreuzen sich wie eine Schere: Fuß nach vorn, Kopf zurück, Fuß nach vorn, Kopf zurück. Immer dem langen, nach unten gebogenen Schnabel nach. Er pickt in den Boden. Der Vogel öffnet ihn ein Stück, wie ein Paar Essstäbchen. Jetzt sticht er ihn so tief ein, dass sein Gesicht den Schlamm berührt. Er findet einen kleinen Krebs, den er schüttelt und dann im Wasser abspült, bevor er ihn frisst und sich rasch wieder auf die Suche macht. Die Luft ist erfüllt vom Geschrei der Meeresvögel und dem zarten, wehmütigen Ruf der Brachvögel.

Wir befinden uns am Gelben Meer, das zwischen China und Korea liegt. Seine Wattflächen sind ein Rastplatz für den Isabellbrachvogel. Das mineralreiche Sediment, das die Flüsse aus dem Hinterland dort deponieren, steckt voller Weichtiere, Krebse und Würmer. Trötende Nebelhörner, dröhnende Motoren und laute Männerstimmen schallen über das Wasser. Wenn die Brachvögel gestört werden, fliegen sie weg und dabei verbrauchen sie die Energie, die nötig ist, um die 12.000 Kilometer lange Reise von ihrem Überwinterungsgebiet in Australien zu ihren Brutplätzen in Sibirien zu vollenden. Sie können nicht im Wind gleiten, sondern müssen jeden Meter ihres langen Weges mit den Flügeln schlagen. Dabei zehren sie nicht nur von ihrem Fett- und Muskelgewebe, sogar die Verdauungs- und Geschlechtsorgane schrumpfen.

In Sibirien warten die Mitternachtssonne und Millionen von Insekten. Auf dem Flug werden ihre Federn so strapaziert, dass die Vögel gleich nach der Ankunft am Ziel mausern: Das gelbbraune Gefieder weicht rostroten Tönen. Nun ist Anfang Mai und sie haben sechs Wochen Zeit, um sich fortzupflanzen, bevor es wieder gen Süden geht. Auch ihre Organe wachsen wieder.

Obwohl das Männchen erschöpft ist, muss es dem Weibchen imponieren, indem es 15 Meter senkrecht in die Luft fliegt und dabei singt. Das Nest des Paars ist ein kleiner Hügel im Moos oder in der Heide der arktischen Tundra. Das Weibchen legt zwei bis vier olivgrüne, gesprenkelte Eier. Die Eltern wechseln sich beim Brüten ab. Sobald sie das verlorene Gewicht zugenommen haben, ziehen sie in den Süden. Die Jungen bleiben zurück und fliegen erst los, wenn sie kräftig genug sind.

Die Brachvögel können Wetterwechsel vorhersehen und ihre Abreise zu einem geeigneten Zeitpunkt ansetzen. Sie orientieren sich am Magnetfeld der Erde und an den Sternen, aber die Lichtverschmutzung erschwert die Sicht am Nachthimmel immer mehr. Jedes Jahr finden die jungen Brachvögel ihren Weg auch ohne Eltern. Auch sie ruhen am Gelben Meer, bevor sie am Überwinterungsplatz im südlichen Queensland eintreffen.

In 20 Lebensjahren legt ein Brachvogel jedes Jahr 30.000 Kilometer zurück. Zusammengenommen ist das eine größere Entfernung als der Weg zum Mond. Diese Wanderung, die zweimal im Jahr auf einer der Hauptrouten stattfindet, ist nur ein Teil des weltweiten Vogelzugs aus rund 50 Millionen Vögeln.

Die Leistung der Tiere ist unglaublich. Die Pfuhlschnepfe fliegt in nur acht Tagen 10.000 Kilometer von Alaska nach Neuseeland – und das ohne Pause. Für die Brachvögel auf der Route sind die Wattflächen des Gelben Meers der perfekte Rastplatz. Leider verschwinden diese Gebiete und mit ihnen die Vögel ähnlich schnell wie die Regenwälder.

In der Küstenregion des Gelben Meeres leben über 300 Millionen Menschen. Die Wattflächen werden durch Mauern vom Meer abgeschnitten, mit Schutt aufgefüllt und dann bebaut. Flughäfen, Straßen, Wohnblöcke und Hotels statt Ökosystem. Ein besonders törichtes Bauprojekt wurde in Südkorea umgesetzt: der größte Damm der Welt, der das 400 Quadratkilometer große Wattenmeer Saemangeum zerstörte. Die meisten der 300.000 Brachvögel, die dort nicht mehr ruhen konnten, starben.

Durch das Aufstauen der Flüsse, die ins Gelbe Meer fließen, gelangt kein nahrungsreiches Sediment mehr in das Gebiet. Auch durch den Anstieg des Meeresspiegels gehen Wattflächen verloren. Wenn die Vögel im Frühjahr und Herbst ankommen und ihre einstigen Futterstellen nicht mehr existieren, haben sie nicht die Kraft, neue Nahrungsquellen zu suchen. Sie verhungern.

Seit 1950 wurden am Gelben Meer rund 70 % der Wattflächen zerstört und mit ihnen der Bestand an Watvögeln: der Knutt um 58 %, Brachvögel und Strandläufer um 78 %, der Isabellbrachvogel und die Pfuhlschnepfe um 80 %. Vom niedlichen Löffelstrandläufer gibt es nicht einmal mehr 200 Brutpaare.

Aber es gibt auch Hoffnung. Im Jahr 2019 wurden zwei Gebiete am Gelben Meer von der UNESCO zum Weltnaturerbe ernannt. Neuseeland und China haben sich bereit erklärt, gemeinsam die Knutts und Pfuhlschnepfen zu schützen, und Nordkorea kümmert sich um zwei der Feuchtgebiete. Viele dieser politischen Veränderungen wurden durch Umweltaktivismus angestoßen. Die Zugvögel, die Länder und Kontinente überqueren, zeigen uns auf, wie willkürlich die künstlichen Grenzen der Menschen sind und dass unser Planet Zusammenhalt und globale Lösungen braucht.

# ORCA

*Orcinus orca*

Der Morgen dämmert. Dunkle Bäume säumen einen schmalen Streifen Felsküste am grünen Meer. Ein großer Schatten pflügt durch das Wasser, auf der Jagd nach einem Lachs. Er taucht unter und seine Schwanzflosse blitzt auf, bevor sie fast lautlos in die Tiefe gleitet, wie ein Vogel im Segelflug. Dann springt der Orca hoch, ein Zylinder aus latenter Energie inmitten der Gischt.

Von unten betrachtet sieht er mit dem weißen Bauch wie ein riesiger Salamander aus, inklusive Stummelschwanz und pfeilförmigem Kopf. An den Seiten hat er geschwungene Linien, Symbole seiner Geschwindigkeit im Wasser und seiner Wendigkeit in der Luft. Der ovale Fleck neben dem Auge ähnelt einer weißen Flamme.

Orcas nennt man auch Schwertwale und sie sind die größten Vertreter der Familie der Delfine. Ihre Art existiert seit Millionen Jahren und ihr Gehirn gehört zu den größten aller Säugetiere. Sie kommunizieren über komplexe Gesänge und sie geben Informationen von Generation zu Generation weiter. Sie sind anpassungsfähig, verspielt und jagen in Rudeln. Beim Schwimmen erreichen sie eine Geschwindigkeit von bis zu 50 km/h. Ihre Lebenserwartung ist kaum geringer als unsere.

In der Orca-Gesellschaft spielt die Großmutter eine wichtige Rolle. Jede Familie hat einen eigenen Gesang, kann aber auch die Dialekte anderer Herden verstehen. Weibchen, die andere Gruppen besuchen, um sich zu paaren, kehren mit ihren Kälbern wieder zu ihren Müttern zurück. Ihre anderen Söhne und Töchter kümmern sich mit um die Jungen. Die Kühe werfen alle fünf Jahre, bis sie etwa 40 Jahre alt sind und die Menopause beginnt. Wechseljahre gibt es sonst nur bei Menschen, Belugas, Kurzflossen-Grindwalen und Narwalen. Die Großmutter teilt ihren Fang und auch ihr Wissen über Jagdgründe und Wanderrouten mit ihren Kindern und Enkeln. Außerdem leitet sie die Beutejagd.

Einige Herden werden aussterben. Im Jahr 1989 lief der Tanker *Exxon Valdez* auf Grund und verlor 41 Millionen Liter Öl – im Gebiet der AT1-Gruppe. Diese Herde hat einen außergewöhnlichen Gesang, der nicht nur ein Dialekt, sondern eine eigene Sprache ist. Die Ölpest tötete neun der 22 Orcas und seitdem wurden in dieser Familie keine Kälber mehr geboren.

In Großbritannien gibt es nur eine Orcaherde, die »West Coast Community«. Diese achtköpfige Familie hat seit den 1990er-Jahren keinen Zuwachs mehr bekommen. Als im Jahr 2016 eine der Kühe in einem Netz verendete, ergab die Obduktion, dass ihr Fett den bisher höchsten Wert an polychlorierten Biphenylen (PCB) enthielt. Diese Chemikalien machen unfruchtbar.

Im Jahr 2013 berichtete die internationale Agentur für Krebsforschung (IARC) – 84 Jahre nach Beginn der Produktion von PCB in den USA – über die krebserregenden Eigenschaften von PCB und den ähnlich schädlichen PBB. Zu diesem Zeitpunkt waren sie schon in der Muttermilch und im Körper jedes Menschen vorhanden.

Chemikalien für Industrie, Landwirtschaft und Haushalt werden nicht ausreichend auf ihr Gefährdungspotenzial getestet. Viele sind giftig, aber dennoch besprühen wir damit unsere Pflanzen, verpacken damit unsere Lebensmittel, reinigen damit unser Zuhause, verdünnen damit unsere Farben und Lacke, beschichten damit unsere Pfannen und geben sie sogar in unser Make-up.

Die Erfahrung mit den PCB mahnt uns, dem Vorsorgeprinzip zu folgen. Diese Stoffe sind mittlerweile ver-

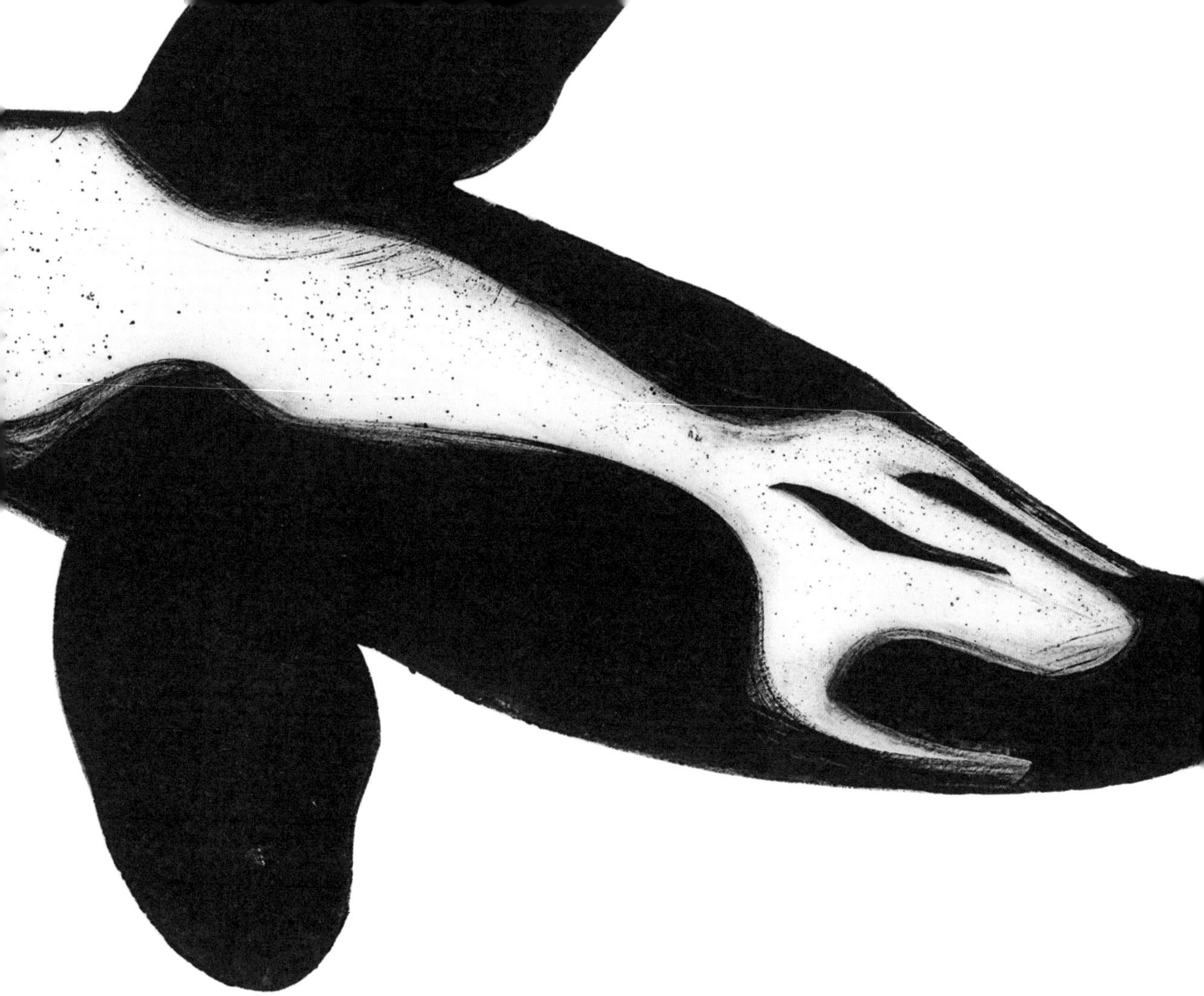

boten, aber sie bauen sich nur äußerst langsam ab und die ähnlich langlebigen PFA werden nach wie vor hergestellt. Auch sie reichern sich in jedem Menschen an, selbst in ungeborenen Babys. PCB lagern sich in Lachsen ein und schließlich in den Orcas, die sie fressen.

Überfischung, Verschmutzung und Staudämme sorgen dafür, dass es für die Orcas immer weniger Futterfische gibt. Im Südatlantik müssen sie immer weiter in die Tiefe tauchen, um den gefährdeten Schwarzen Seehecht aufzuspüren. Sie brauchen lange, um sich von diesen extremen Tauchgängen zu erholen. Zusätzlich wird ihr Biosonar von den Echoloten der Schiffe beeinträchtigt.

Im Jahr 1965 beauftragte SeaWorld professionelle Walfänger mit der Beschaffung eines Orcas. Shamu war drei Jahre alt, als man sie fing, und lebte nur noch sechs weitere. SeaWorld kaufte noch mehr Orcas und züchtete sie in Gefangenschaft. Die intelligenten Tiere sind dafür geboren, bis zu 150 Meter tief zu tauchen und bis zu 60 Kilometer am Tag zu schwimmen. Im gechlorten Chemiepool von Sea World ziehen sie endlose Kreise. Es gibt keinen Unterschlupf und die Tiere leiden unter Sonnenbrand. Sie zermalmen sich die Zähne beim Versuch, sich durch das Becken zu kauen, und sie rammen mit dem Kopf gegen die Wände ihres Gefängnisses.

Lolita wurde 1970 gefangen und führt noch immer Kunststücke auf. Wie alle Orcas ist sie gesellig, man hält sie aber allein in einem Becken, das etwa doppelt so lang ist wie sie selbst. Selbst nach 50 Jahren in Gefangenschaft singt sie noch die Lieder ihrer Familie.

Seit Jahrhunderten sind Orcas auch als »Killerwale« bekannt. Aber obwohl die Tiere ihre Küstengewässer mit immer mehr Menschen teilen müssen, haben sie in freier Wildbahn noch keinen einzigen getötet.

Kurzfristiger Profit ist uns wichtiger als alles andere. Dafür erschossen wir 1956 Orcas vor der Küste Islands und dafür versklaven wir die Tiere zu Unterhaltungszwecken. Dafür vergiften wir uns sogar selbst mit PCB.

In Russland, China, Spanien und Japan werden immer noch Orcas in Gefangenschaft gezüchtet. In den USA werden sie immer noch in SeaWorld vorgeführt.

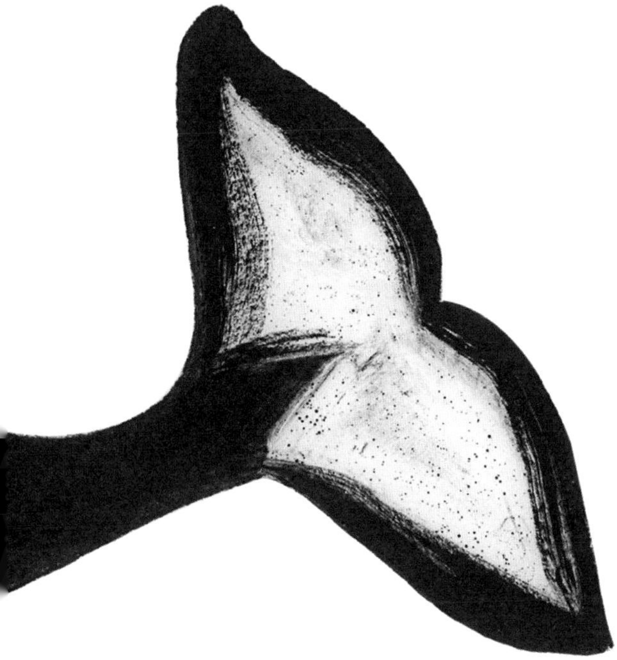

# STÖR

Im Zeitraffer ziehen die Jahre über den Bildschirm. Der See wird kleiner, größer, wieder kleiner. Er verblasst und hinterlässt einen weißen Salzrand. In einem Jahr bleibt nur ein Streifen Wasser am Westufer. Auf anderen Satellitenbildern wehen graue Staubwolken durch das leere Becken zum verdorrten Festland im Norden.

Die Landschaft könnte ein Gemälde von Salvador Dalí sein. Unter dem blauen Himmel der Wüste rostet ein Schiffswrack vor sich hin. Kamele suchen dort Schatten. Ein Mann spaziert mit gesenktem Blick vorbei. Am Strand ohne Wasser liegt eine Reihe von Booten.

Das ist der Aralsee. Auf dem einst größten Binnensee der Erde wachsen heute trockene Grasbüschel. In den 1960er-Jahren wollte die sowjetische Regierung Baumwollplantagen bewässern und staute die Flüsse Amudarja und Syrdarja, die den See mit Schmelzwasser aus dem Pamir-Gebirge versorgten. Die Wasserzufuhr sank um 80 %. Agrochemikalien und andere Schadstoffe gelangten in den See und kristallisierten dort. Die heißen Winde verteilten diesen giftigen Staub auf den Feldern und auf den Bauern, die darauf arbeiteten. Sie wurden krank und der Boden verlor an Fruchtbarkeit. Das Wasser im südlichen Bereich des Sees wurde so salzig, dass darin keine Fische mehr leben konnten.

Der Syrdarja-Schaufelstör (*Pseudoscaphirhynchus fedtschenkoi*) ist eine Art, die im Aralsee lebte und als vom Aussterben bedroht gilt. Im naturhistorischen Museum in Andischan gibt es ein Exemplar: an Draht aufgehängt und ohne seine prächtigen Schwanzflosse.

Von den 27 noch verbleibenden Störarten auf der Welt sind 17 vom Aussterben bedroht. Der Jangtsekiang war einst der Lebensraum des verwandten Schwertstörs, der mit seinem langen Stirnfortsatz die elektrischen Felder der Krebse, von denen er sich ernährte, wahrnehmen konnte. Überfischung, Verschmutzung, Schiffsschrauben und Staudämme dezimierten seinen Bestand. Der letzte Schwertstör wurde zufällig gefangen, dann gekennzeichnet und wieder freigelassen. Nur wenige Stunden später verschwand er. Im Jahr 2019 wurde die Art für ausgestorben erklärt.

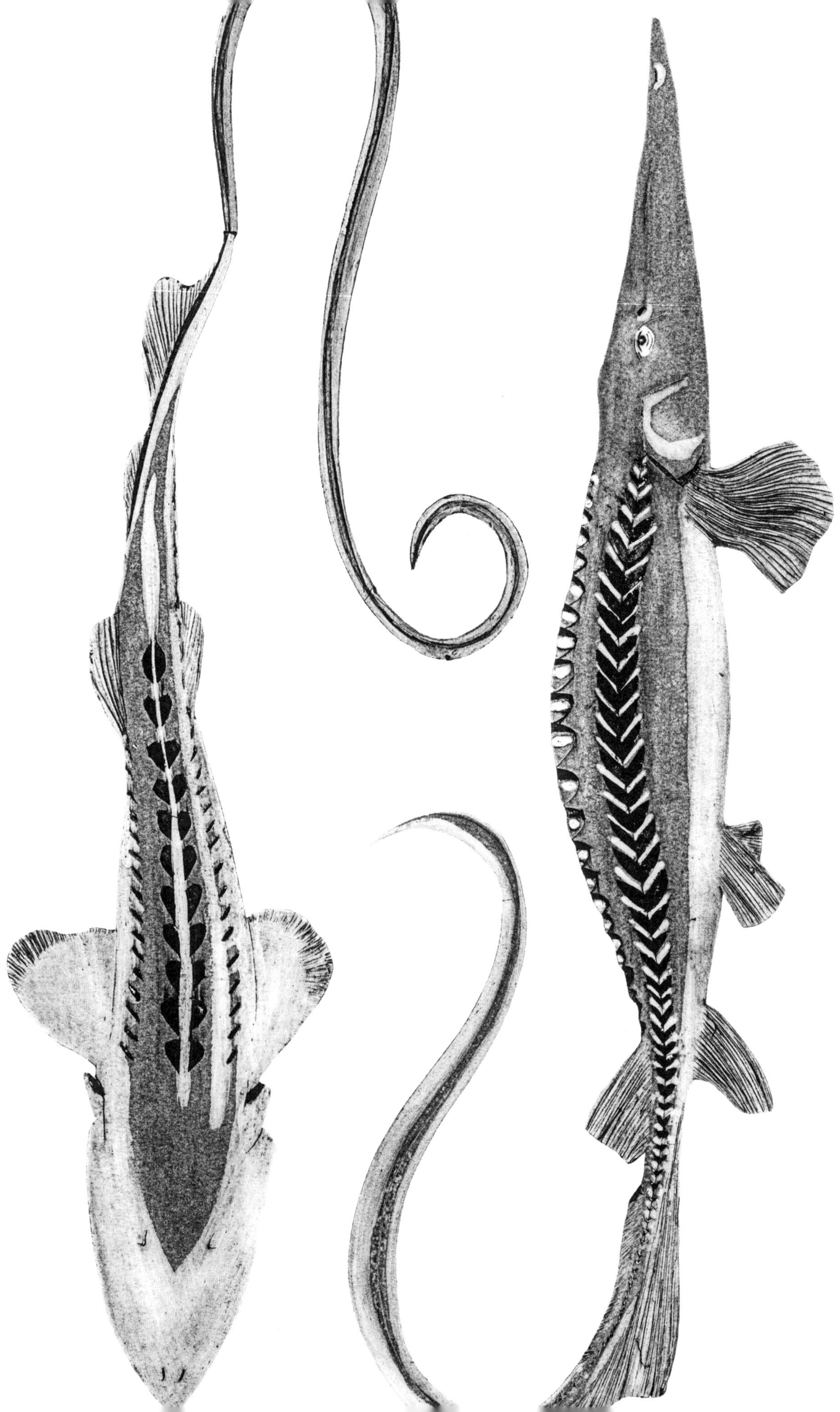

Im Kaspischen und im Schwarzen Meer ist der Atlantische Stör wahrscheinlich ausgestorben. In diesen Meeren tummelt sich auch der Beluga-Stör (*Huso huso*), der bis zu sieben Meter lang und bis zu 100 Jahre alt werden kann. Die Jungtiere sind mit mehreren Reihen von spitzen Knochenplatten bewehrt und sehen wie Wasserdrachen aus. Der ausgewachsene Beluga-Stör schwimmt im sanften Grün des Kaspischen Meers und bewegt sich durch Wedeln mit der Schwanzflosse fort. Er fängt Fische mit seinem zahnlosen Maul, an dem vier Bartfäden hängen. Das sind seine Tast- und Geschmacksorgane.

Genau wie die Lachse brauchen auch die Störe zum Laichen kühles, schnell fließendes Wasser. In gestauten Gewässern sammelt sich Schlick an, die Temperatur steigt und die Flusspegel sinken. Im Jahr 1964 begannen Rumänien und Jugoslawien mit dem Bau des Kraftwerks Eisernes Tor an der Donau und schnitten damit *H. huso* von seinem Laichgebiet ab.

Das ist aber nicht die einzige Bedrohung für *H. huso*. Sein Laich ist auch der begehrteste Kaviar: Ein Gramm ist dreizehnmal so teuer wie ein Gramm Silber. Manchmal werden die großen Fische an Land gezogen und ihre Bäuche aufgeschnitten, um die Eier zu entnehmen. Dann wirft man die Tiere zum Sterben in den Fluss.

Rund ein Drittel aller Wirbeltiere lebt im Süßwasser. Man schätzt, dass seit 1970 fast ein Drittel ihres Lebensraums zerstört wurde. Die Dämme, die den Aralsee trockenlegten, wurden vor einem halben Jahrhundert errichtet, aber heute sind weltweit 3000 große Staudämme in Planung oder befinden sich bereits im Bau.

Auch zwei gewaltige Kanalprojekte sind in Vorbereitung: die Verbindung des Schwarzen Meers mit dem Marmarameer – trotz ihres unterschiedlichen Salzgehalts – und ein Wasserweg zwischen der Ostsee und dem Schwarzem Meer. Bei letzterem Vorhaben besteht die Gefahr, dass radioaktiver Schlamm aus Tschernobyl ausgegraben wird. Staudämme bedrohen die letzten und schönsten frei fließenden Flüsse Europas.

Störe gab es schon vor 20 Millionen Jahren. Sie überlebten die Katastrophe, die zum Aussterben der Dinosaurier führte, aber wir haben sie in nur 100 Jahren fast ausgerottet. Für *P. fedtschenkoi* gibt es aber noch Hoffnung. Zwar wurde er seit Jahren nicht mehr gesichtet, aber 2016 behauptete ein Angler, einen gefangen zu haben. Im Jahr 2019 finanzierte die Global Wildlife Conservation eine ergebnislose Suche. *P. fedtschenkoi* sah – oder sieht – mit seinem Profil einer Spitzmaus und dem peitschenartigen Schwanz bemerkenswert aus.

# SÜDLICHER BLAUFLOSSEN-THUNFISCH

*Thunnus maccoyii*

Zwei Männer gehen an einem rot-weißen Schild vorbei: »Kameras streng verboten.« Es gibt keine Fenster. Im Inneren befinden sich leere Becken, ein Desinfektionsspender und ein großer Hangar. In einem Plastikbecken auf dem Boden schwimmen große Fische.

Es handelt sich um Südliche Blauflossen-Thunfische. Sie werden von grellen Lampen beleuchtet. Farbe und Intensität verändern sich und simulieren das Sonnen- und Mondlicht des Indischen Ozeans, der 5000 Kilometer entfernt ist. Einige der Fische sind 1,5 Meter lang und 150 Kilo schwer. Im Becken schwimmen sie unablässig im Kreis. Einer der Männer schüttelt ein Reagenzglas und hält es hoch: »Thunfischeier«, sagt er. Sie sinken im Röhrchen zu Boden. »Goldstaub.«

Sechs Jahre später und fast 8000 Kilometer entfernt beginnt im Januar 2019 um 4:30 Uhr am Toyosu-Fischmarkt die Thunfisch-Auktion – die größte der Welt. Eine Glocke läutet und ein Mann mit knurrender Stimme bezahlt umgerechnet 2,8 Millionen Euro für einen Blauflossen-Thunfisch. Fast 90 % des internationalen Handels mit Blauflossen-Thunfisch spielt sich in Japan ab. Hauptsächlich, um unsere Lust auf Sushi und Sashimi zu befriedigen.

Vor den 1970er-Jahren hatte Thunfisch keinen guten Ruf. In den USA stellte man daraus Katzenfutter her. In Japan nannte man ihn *neko-matagi* – Fisch, den sogar eine Katze verschmäht. Traditionsgemäß wurde Sushi aus leichteren, helleren Fischen aus Küstengewässern gemacht, aber während der amerikanischen Besatzung entwickelten die Japaner Geschmack an fetthaltigerem Fleisch. In den 1970er-Jahren schickte man große Flugzeuge voller Elektrogeräte in die USA. Ein japanisches Logistikteam beobachtete, wie einige Sportangler Rote Thunfische wegwarfen. Da hatten sie die Idee, die leeren Flugzeuge vor der Rückreise nach Japan mit Thunfisch zu füllen.

Im Laufe der letzten 60 Jahre hat der weltweite Thunfischfang um 1000 % zugenommen.

Je nach Systematik gibt es acht Thunfischarten. Seit den 1990er-Jahren ist der Bestand von vielen geschrumpft.

---

Beim Verbrennen von Kohle und beim Abbau von Gold gelangt Quecksilber in die Umwelt und schließlich ins Meer. Raubfische wie der Thunfisch nehmen viel davon auf und wenn die Wassertemperatur steigt, sind die Fische aktiver und fressen mehr Beute, wodurch sich noch mehr Quecksilber in ihnen anreichert. Quecksilber schädigt die Niere und das Nervensystem und behindert die Gehirnentwicklung bei Ungeborenen und Kindern. Trotzdem steigt unser Thunfischkonsum. In den USA nehmen im Supermarkt nur Zucker und Kaffee noch mehr Regalplatz ein als Dosenthunfisch.

Im östlichen Indischen Ozean legt jedes Weibchen bis zu 15 Millionen Eier. Davon überlebt nur 1 %. Die frischgeschlüpften Larven sind Plankton – Futter für andere Fische. Sobald sie in der Lage sind, ernähren auch sie sich von Plankton. Sie treiben in Richtung Süden, der Westküste Australiens entlang und schließlich in die Große Australische Bucht. Wenn sie sich zu Fischen entwickeln, lernen sie auch, im Schwarm zu leben. Nach ungefähr fünf Jahren ziehen sie weiter ins Meer hinaus – manche bewegen sich die australische Ostküste hinauf, andere nach Neuseeland. Die meisten schwimmen mit dem Antarktischen Zirkumpolarstrom durch den Südlichen Ozean nach Südafrika und sogar am Kap der Guten Hoffnung vorbei in den Südatlantik, auf einer der längsten Tierwanderungen. Man vermutet, dass sie sich mithilfe von Magnetit in ihrem Gehirn orientieren. Nach zehn bis 15 Jahren treffen sie sich an ihrem Geburtsort im östlichen Indischen Ozean zur Paarung.

Der Südliche Blauflossen-Thunfisch ist stromlinienförmig. Sein Rücken ist dunkel, sein Bauch silbrig. Von der Seite gesehen ist er oval und wie ein spitzes Blatt geformt. Thunfische tauchen auf der Suche nach Nahrung über 600 Meter tief ins kalte Wasser. Sie paddeln mit ihrer sichelförmigen Schwanzflosse und erreichen beim Schwimmen eine Geschwindigkeit von bis zu 70 km/h. Dabei erzeugen sie eine Welle, die sie vorwärts trägt, während ihre Flösselchen den Wasserwiderstand brechen. Für einen Makrelenschwarm muss es der reinste Horror sein, wenn aus allen Richtungen Thunfische auf ihn zuschießen. Jede Makrele sucht in der Mitte des Schwarms Schutz. Im Wasser wirbelt es kurz, dann machen sich die Thunfische mit ihrer Beute aus dem Staub.

Der Thunfisch hat versenkte Augen und kann seine Flossen in Vertiefungen am Körper legen, um seinen Widerstand im Wasser zu verringern. Blauflossen-Thunfische haben zehnmal mehr Myoglobin wie jedes Säugetier. Dieses Protein bindet Sauerstoff und bietet eine Energiereserve für Phasen großer Anstrengung. Die Muskeln der Thunfische funktionieren in kaltem Wasser besser als bei allen anderen Fischen. Ihre Kiemen nehmen schneller Sauerstoff auf. Der Thunfisch verschwendet keine Energie damit, das Wasser mithilfe einer Atembewegung in die Kiemen zu drücken, er stößt es beim kräftigen Vorwärtsschwimmen hinein. Hört ein Thunfisch auf zu schwimmen, stirbt er. Als Warmblüter hat er schnellere Reflexe, einen schärferen Sehsinn, größere Ausdauer und ein höheres Tempo als seine Beute.

Die Überfischung der Meere schadet allen Thunfisch-Beständen. 2011 berichtete die IUCN, dass über 50 % aller Thunfischarten stark bedroht seien, wobei sich die Bestandszahlen seither durch entsprechende Maßnahmen stetig verbessern. Von allen am stärksten gefährdet ist der Südliche Blauflossen-Thunfisch.

# SCHUPPENFUSS-SCHNECKE

*Chrysomallon squamiferum*

Mit zunehmender Tiefe verblasst das Licht der Sonne. Alle zehn Meter steigt der hydrostatische Druck um rund ein Kilogramm pro Quadratzentimeter. Ab 200 Meter gibt es nicht mehr genug Licht für die Photosynthese. Ab hier beginnt die Tiefsee. Unter 1000 Meter gibt es gar kein Licht mehr. Das Meer wäre hier dunkler als die finsterste Nacht, gäbe es nicht die biolumineszenten Organismen der Tiefsee. In dieser tintenschwarzen Atmosphäre blitzen blaue und grüne Lichter auf: Signale der Tiere, die locken, ködern und abschrecken sollen.

Viele der Fische hier sind schwarz oder geisterhaft weiß, wie etwa der Scheibenbauch, dessen durchscheinende Schwanzflosse wie ein Schleier hinter ihm herweht. Manche Garnelen und Kopffüßer sind rot, aber da es hier kein rotes Licht gibt, sind sie unsichtbar. Außer für den Schuppenlosen Drachenfisch, der seine ahnungslose Beute mit rotem Licht anstrahlt. In dieser Tiefe gibt es schätzungsweise mehr Korallenarten als in den tropischen Riffen. Manche wachsen im Jahr nur um eine Haaresbreite, werden aber Hunderte oder gar Tausende Jahre alt. Hier gibt es weiße Krabben, lila Tintenfische, Gallertkalmare, Glasschwämme aus Siliziumdioxid, Koboldhaie, Seewölfe, Riesenmuscheln, drei Meter lange Bartwürmer, Yeti-Krabben, Tiefsee-Garnelen, Schlangensterne, Bambuskorallen und Bakterien, die riesige Mengen an Kohlendioxid absorbieren.

Sauerstoffreiches Wasser aus den Polargebieten sinkt in die Tiefe und wird von den Meeresströmungen verteilt. Es gibt Bereiche, die es nicht erreicht, aber selbst dort fand man Organismen, die gedeihen – was man zuvor für unmöglich gehalten hatte. Das Leben hier basiert auf chemischer Energie, da es kein Sonnenlicht gibt. Die schwarzen, giftigen Lösungen aus Wasser und Schwefelwasserstoff, die aus den Hydrothermalquellen am Meeresgrund schießen, sind bis zu 400 °C heiß.

Hier lebt die Schuppenfuß-Schnecke. In 2900 Metern, der maximalen Tiefe, in der man sie findet, ist der Druck mehr als anderthalbmal so hoch wie in einer Schrottpresse für Autos. Die Schnecke musste einige spezielle Eigenschaften entwickeln, um in einer so schneckenfeindlichen Umgebung zu überleben.

Die Schuppenfuß-Schnecke hat ein Exoskelett aus Eisen, was im Tierreich einzigartig ist. Dieser Panzer schützt ihren fleischroten Körper wie ein Helm. Ihr Name *Chrysomallon* (»goldhaarig«) bezieht sich auf die feinen, goldenen Fäden aus Pyrit, einer Eisensulfidverbindung, die oft auf ihrem Gehäuse vorkommt. Auf ihrem Kopf sitzen wie die dekorativen Hörner eines Samuraihelms zwei augenlose Tentakel. Ihr Fuß ist mit Eisenschuppen bedeckt; jene der Schnecken vom Hydrothermalfeld Kairei sind sogar magnetisch. Die Schuppen dienen nicht nur dem Schutz, sondern auch der Entgif-

tung. Das Gehäuse der Schnecke ist einzigartig, denn es besteht aus drei verschiedenen Schichten. Nanorisse in der äußeren Schicht machen den Panzer flexibel, sodass er im Falle eines Aufpralls nicht zerbricht.

Eine der teuersten und oft gefährlichsten Unternehmungen im Leben eines Tieres ist das Liebeswerben, das Unmengen an Energie kostet. Aber nicht für die kraftsparende Schuppenfuß-Schnecke, die ihr Geschlecht beliebig wechseln kann und sich wahrscheinlich selbst befruchtet. Sie muss auch kein Futter beschaffen oder fressen, denn sie ist ein Hort für Bakterien, die diese Arbeit für sie erledigen: Sie wandeln den energiereichen Schwefelwasserstoff in Zucker für die Schnecke um. *Chrysomallon* hat eine große Kieme und ein überproportional großes Herz. Diese Organe produzieren Sauerstoff für die Schnecke und ihre Bakterien.

Bisher wurde die Schuppenfuß-Schnecke nur im Indischen Ozean gefunden, in drei hydrothermalen Schlotfeldern, die bis zu 2500 Kilometer auseinander liegen. Ihr Lebensraum macht nur einen winzigen Teil dieses riesigen Bereichs aus: 0,02 Quadratkilometer. Einige Wissenschaftler glauben, dass die hydrothermalen Quellen der Ursprung des irdischen Lebens sind.

Zum Leidwesen der Schuppenfuß-Schnecke ist der mineralreiche Grund der Tiefsee bereits im Visier der Bergbaukonzerne. Sie sind auf der Suche nach Metallen für die Herstellung digitaler Geräte, um unseren Bedarf an technischen Spielereien zu stillen.

Ganze Schiffsflotten schürfen am Meeresboden nach Diamanten. Sobald die Edelsteine abgebaut sind, werden die Abwässer ins Meer gepumpt – genug, um jeden Tag einen 25 Kilometer langen Güterzug damit zu füllen. Sie vergiften die Tierwelt. In einem Durchgang zerstören die Fördermaschinen die Korallenriffe und Thermalquellen, die unzähligen Lebewesen ein Zuhause bieten. Es könnte Jahrhunderte dauern, bis sich die Umwelt in dieser Tiefe wieder erholt, falls überhaupt.

Die Großkonzerne beuten unseren größten Lebensraum aus, über den wir noch kaum etwas wissen. Auch nicht, was die Folgen dieser Gier sein werden.

ARTEN, DIE IN DER TIEFSEE LEBEN

# GANGESGAVIAL

*Gavialis gangeticus*

Die Nacht ist warm und die Luft schwer von Feuchtigkeit. Sie ist auch laut: Frösche, Mücken, springende Fische, das Klatschen der Wellen. Nicht weit vom Ufer entfernt erheben sich zwei Kuppeln aus dem Wasser. Einen Moment lang glänzen sie im Schein des Mondes.

Sie sind zu groß und stehen zu weit auseinander, um die Augen eines Tropenfrosches zu sein. Bei Tag sähe man, dass sie gelb und grün sind und senkrechte, schwarze Pupillen haben. Ein drittes Lid schiebt sich von der Seite über das Auge und ein ledriges Außenlid bedeckt es ganz, sodass es mit der umliegenden Haut verschmilzt und unsichtbar wird. Es öffnet sich wieder. Auch die Ohren sind oben auf dem Kopf. Die Hautfalten, mit denen sie im Wasser verschlossen werden, sind aufgestellt. Das Tier lauscht nach seinen Jungen.

Vor fast fünf Monaten, Anfang Januar, schwamm das Gavialweibchen flussabwärts zu der Stelle, an der es geboren und aufgewachsen war. In dieser Flussbiegung verlangsamt sich der Strom, sodass sich Sediment anlagert und eine Sandbank entsteht. Zu Beginn jedes Jahres kommt das Weibchen mit ihren Schwestern und Verwandten hierhin, um in der Sonne zu liegen, Fische zu fangen, sich zu paaren und Nester zu bauen. Es legt seine Eier in Gruben, die es in den Sand gräbt. Die Temperatur darin bestimmt das Geschlecht der Jungen.

Nun ist es Ende Mai. Vom Ufer hört man ein seltsames Schnaufen und Fiepen. Es sind die Jungtiere, fast 40 Stück, die darauf aufmerksam machen, dass sie schlüpfen. Lange Schnauzen brechen durch die Schalen und recken sich in die Nacht. Die Mutter stapft aus dem Fluss und schleppt ihren 680 Kilo schweren Körper über Sand und Schlamm. Aufgrund ihrer Schnauzenform kann sie die Jungen nicht wie andere Krokodile tragen, aber sie geht voran und die Kleinen rutschen und krabbeln eilig hinter ihr her ins Wasser.

Anders als die meisten Reptilien sind Gaviale fürsorgliche Eltern. Mehrere Mütter wachen abwechselnd über Hunderte Jungen. Im seichten Wasser bleiben die Kleinen in der Nähe der Mutter und fressen Insekten und Kaulquappen. Wenn sie größer werden, wagen sie sich

weiter ins Tiefe. Mindestens ein Männchen hält Aufsicht – mit Dutzenden Jungen auf seinem Rücken.

Trotz dieser Hingabe existiert nur noch ein kleiner Bruchteil der Gaviale, die es noch in den 1940er-Jahren gab. Damals lebten in den Flüssen von Pakistan bis Myanmar geschätzte 15.000 Exemplare. In den 1970er-Jahren waren es nur noch 200. Die indische Regierung ließ sie schützen und förderte die Zucht in Gefangenschaft. Von Tausenden Tieren, die in die Natur freigelassen wurden, überlebten jedoch nur wenige. Der Bestand wurde nie richtig überwacht und Verstöße gegen die Schutzmaßnahmen wurden nie rigoros geahndet. Im Jahr 2017 gab es ungefähr 650 wildlebende Gaviale.

Ihre Körperfarbe variiert von braun bis grün und erinnert manchmal an die vielen Nuancen des Rajasthan-Marmors. Als Nachfahren der Dinosaurier sind sie näher mit den Vögeln verwandt als mit den Eidechsen. Ihre lange, schmale Schnauze ist mit Hundert Zähnen bestückt und bietet einen geringen Wasserwiderstand, sodass sie Beutefische mit flinken Bewegungen in die Enge treiben können. Ihr scharfer Sehsinn und die Nerven in ihrer Haut, die Veränderungen im Druck und im Salzgehalt des Wassers wahrnehmen, helfen ihnen beim Auffinden von Nahrung. Bewegungslos und mit viel Geduld warten sie im Wasser, bis sich ein Fisch nähert und dann schnappt ihr Kiefer blitzschnell zu.

Gaviale sind scheu und greifen keine Menschen an. Sie werden wegen ihrer Haut, ihres Fetts, ihrer Penisse und ihrer Eier gejagt. Ihre Jungen ertrinken in Stellnetzen. Dämme zerteilen ihren Lebensraum. Abwässer aus Industrie und Kanalisation gelangen in ihre Flüsse. Chemikalien und steigende Temperaturen verändern das Geschlechterverhältnis der Tiere. Der Flusspegel sinkt, weil Wasser für die Landwirtschaft entnommen wird. Auf ihren Stränden wird Sand abgebaut. Die Sanierung des Ganges ist ein Prestigeprojekt der indischen Regierung. Der Gavial wird mit Wasser assoziiert und Wasser mit Leben. Er ist das Reittier des Wassergottes Varuna und der Reinheitsgöttin Ganga. Hoffentlich bieten wir ihnen bald wieder saubere Flüsse voller Leben.

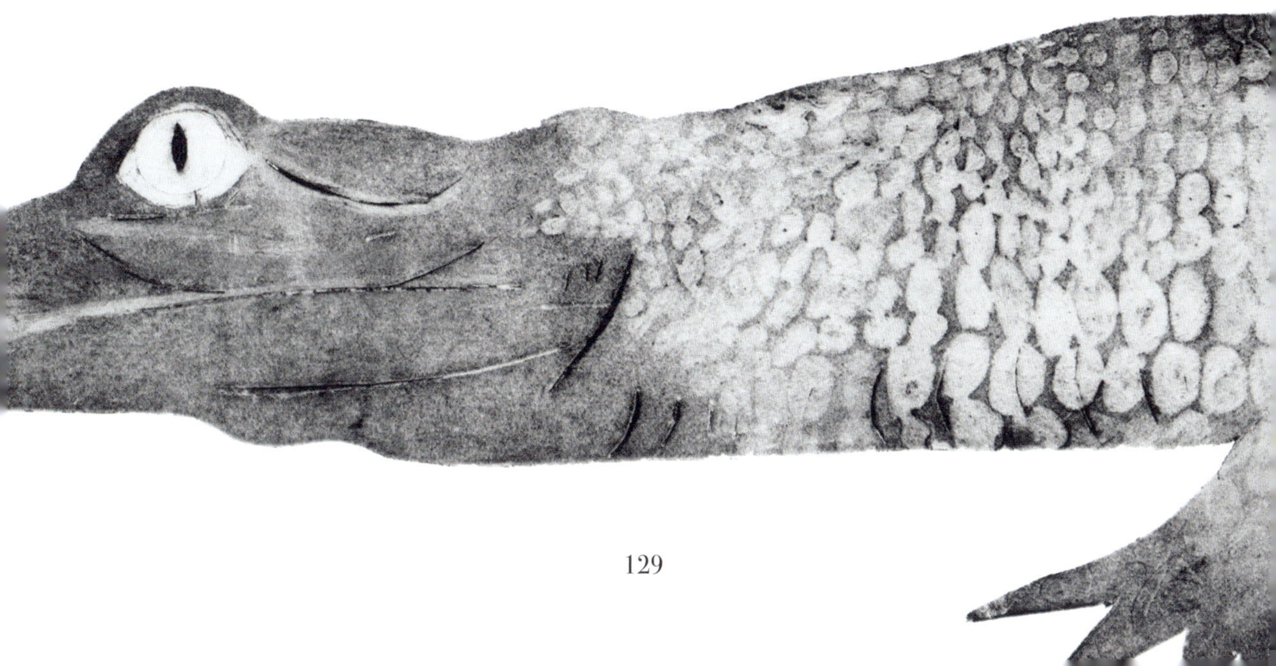

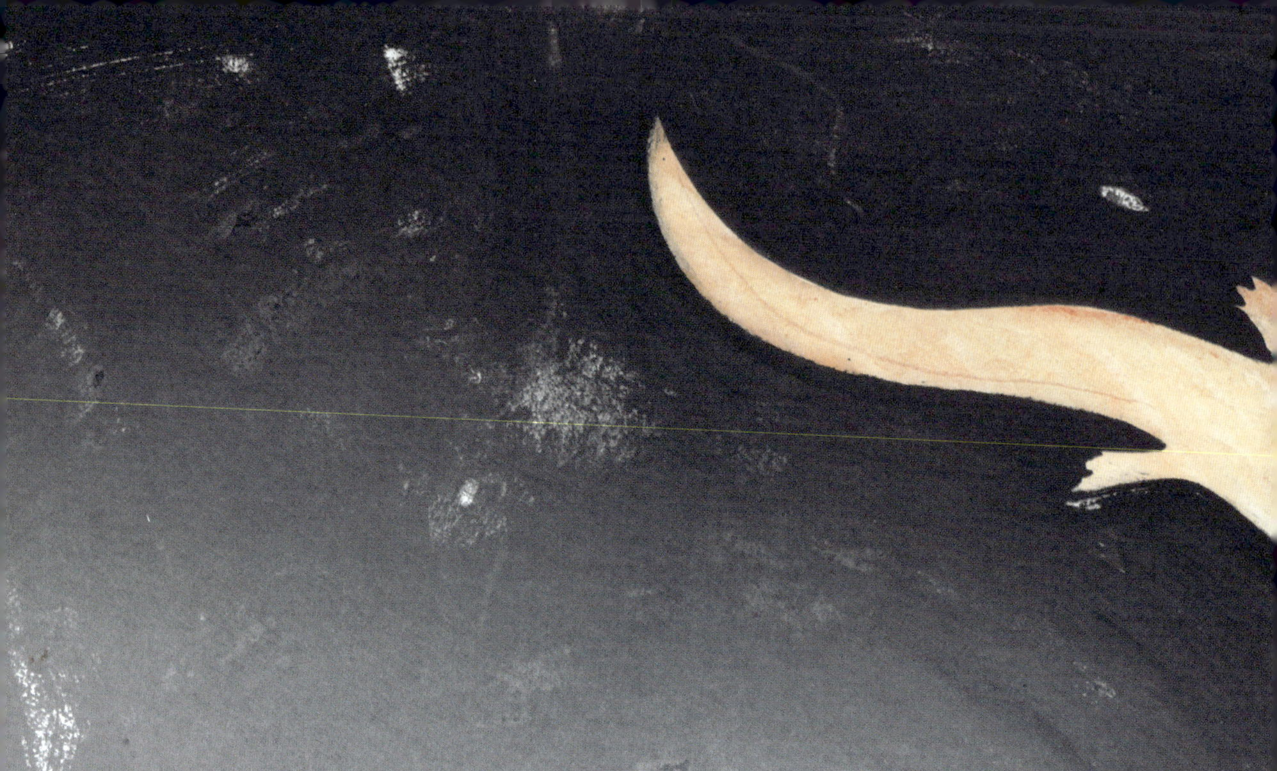

# GROTTENOLM

*Proteus anguinus*

Es ist dunkel. Die Wassertemperatur liegt zwischen 5 und 15 °C. Hier gibt es kaum Leben und fast kein Futter, aber der Olm ist hier zu Hause. In der ewigen Finsternis seiner Höhlen braucht man keine Tarnung. Der Olm ist blass, fast durchsichtig. Seine Organe sind im Schein der Taschenlampe kaum sichtbar.

Er bewegt sich anmutig und geschmeidig. Seine zarten Gliedmaßen flattern, wenn er schwimmt. Er braucht sie nur, wenn er an Land geht, und dann klappt er sie nach außen. Mit den Knien und Ellbogen ähnelt der Olm mehr einer Eidechse als einem Aal. Die Glieder und die winzigen Finger führen den Körper, sodass er sich in Felsspalten zwängen oder wie eine Schlange einrollen kann. Mit dem spatelförmigen Kopf sucht er unter Steinen und in Ritzen nach Insektenlarven und Würmern.

Der Olm hat sich an das Höhlenleben angepasst. Er hat einen langsamen Stoffwechsel – sein Herz schlägt nur zweimal pro Minute – und er kann bis zu zehn Jahre ohne Nahrung auskommen. Außerdem besitzt er zwei Atemapparate und kann Sauerstoff über die Lunge, aber auch über drei rote Kiemenbüschel an jeder Seite des Hinterkopfs aufnehmen. Augen braucht er nicht, sie verkümmern schon in jungen Jahren. Dafür sind sein Geruch- und Geschmackssinn stark ausgeprägt und er nimmt Wasservibrationen sowie elektromagnetische Felder wahr. So orientiert er sich, geht Gefahren aus dem Weg und findet Nahrung. Über seine Haut nimmt er sogar Licht war. Diese hoch entwickelten Sinne ermöglichten es dieser Art, rund 110 Millionen Jahre zu überleben – 366-mal länger als wir. Für so ein kleines Wirbeltier ist das ungewöhnlich lang. Er wird mit zwölf bis 15 Jahren geschlechtsreif und kann 100 Jahre alt werden.

Das Verbreitungsgebiet von *Proteus anguinus* ist ein Landstreifen östlich der Adria, zwischen Triest und Dubrovnik. Er ist das einzige Wirbeltier Europas, das ausschließlich in Höhlen lebt. Er hat viele regionale Namen, unter anderem »Drachenbaby« und »Menschenfisch«. In der griechischen Mythologie war Proteus ein Meeresgott, der die Gabe der Weissagung besaß.

In Slowenien ist der Olm nationales Kulturgut, wird aber dennoch für den Tierhandel gefangen. Andere Gefahren, die den Bestand verringern, sind ökologische Störungen über seinen Höhlen und Verschmutzung.

Dieses Tier überlebte den Einschlag großer Meteoriten, das Aussterben der Dinosaurier und erhebliche Klimaveränderungen. Aber die zerstörerische Kraft von *Homo sapiens* könnte sein Ende bedeuten.

In den Sagen werden die Warnungen des Orakels oft falsch verstanden oder ignoriert. Hoffen wir, dass wir die Anzeichen für die Bedrohung des Olms ernst nehmen.

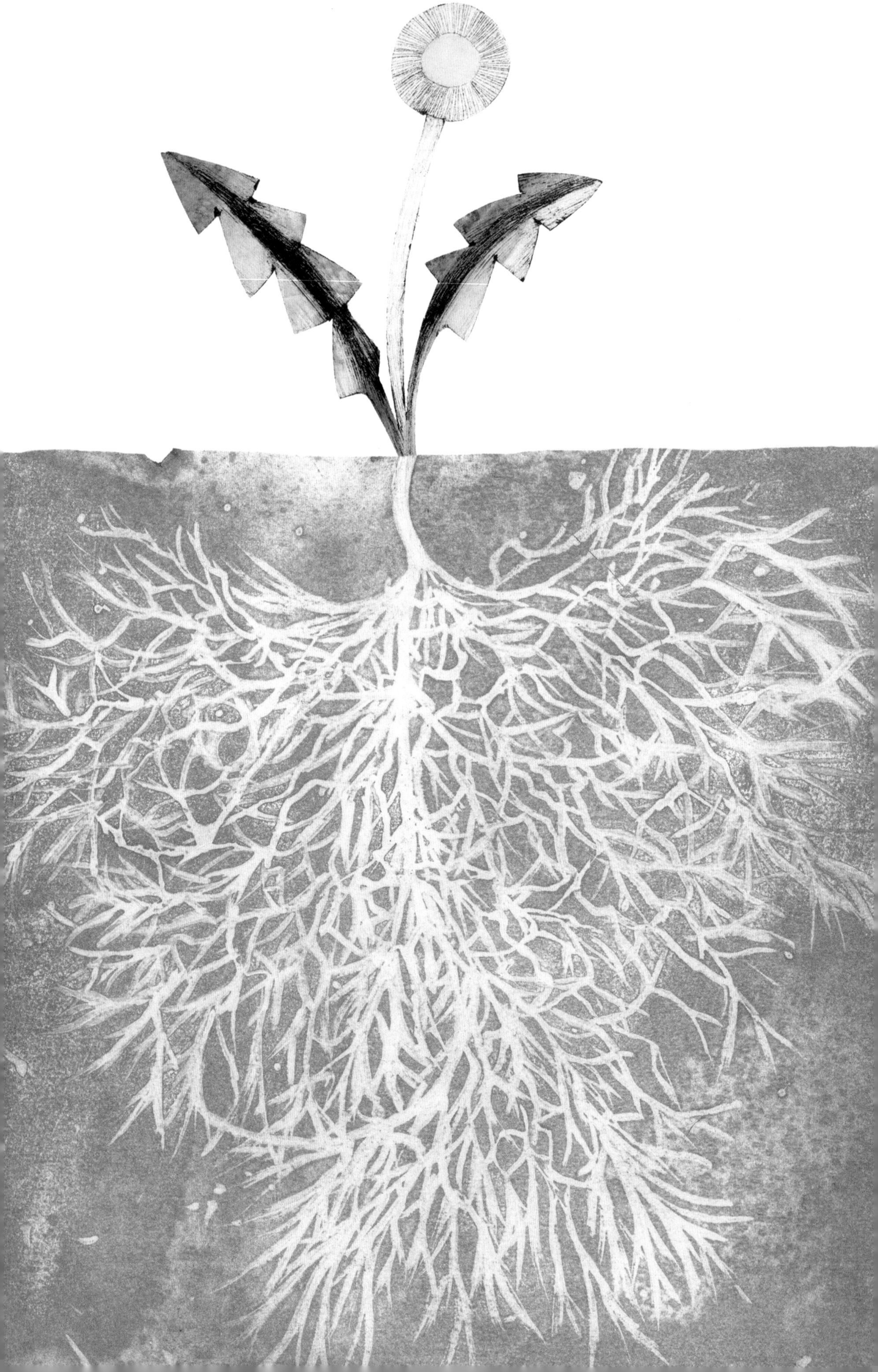

# BODEN

Die Silhouette der kahlen Ulme wirkt vor dem Horizont wie ein Bindeglied zwischen Land und Luft. Die Pflugschar gräbt sich in die Erde und zieht eine Furche neben der anderen über den sanft gewölbten Boden. Am wolkenverhangenen Himmel kreisen schreiende Möwen. Das Bestellen der Felder ist für uns so natürlich wie der Wechsel der Jahreszeiten, aber für die Umwelt ist es alles andere als unbedenklich.

Der Boden ist mehr als nur die Pflanzen, die auf ihm wachsen. Ein unberührter Flecken Erde ist ein ganzes Universum unter unseren Füßen, so komplex und voller Leben wie der Regenwald. Hier befindet sich die Rhizosphäre – Heimat für Würmer, Milben, Asseln und Springschwänze. In einem Teelöffel gesunder Erde stecken mehr Mikroorganismen, als es Menschen auf der Welt gibt: Bärtierchen, Fadenwürmer, Hefen, Algen, Protozoen und Bakterien.

Die Rhizosphäre ist ein dynamisches System, das darauf basiert, wie Beute, Jäger, Beschützer und Versorger miteinander und mit den Pflanzen in ihrer Umwelt interagieren. Diese Prozesse beginnen wir erst langsam zu verstehen. Die Organismen zersetzen Pflanzenmaterial, liefern lebenden Pflanzen Nährstoffe und erzeugen Humus – die organische Substanz des Bodens.

Zwischen der Atmosphäre und der Luft im Boden findet ein ständiger Gasaustausch statt. Je mehr Humus sich im Boden befindet, desto mehr Wasser und Kohlenstoff speichert die Erde. Im Boden ist mehr Kohlenstoff gebunden als in der Atmosphäre und in der Vegetation zusammen. Stört man das Gleichgewicht im Erdreich, wird Kohlenstoff freigesetzt und das Leben in der Rhizosphäre beeinträchtigt. Chemikalien, die in der Landwirtschaft verwendet werden, zerstören diesen Mikrokosmos und seinen Nährstoffkreislauf, wodurch der Boden immer mehr ausgelaugt wird.

Es dauert Hundert Jahre, bis ein halber Zentimeter Boden entstanden ist. Durch Urbanisierung, Rohstoffabbau oder Landwirtschaft kann er jedoch in Sekundenschnelle vernichtet werden. Die Hälfte der bewohnbaren Fläche auf der Welt wird für die Landwirtschaft genutzt – unnötig viel, wenn man bedenkt, dass jedes Jahr ein Drittel aller für Menschen erzeugten Lebensmittel im Müll landet. Aber es gibt Lösungen. Eine davon ist die regenerative Landwirtschaft, deren Methoden eine Produktion großer Mengen Lebensmittel ermöglichen, aber ohne den Boden zu zerstören und mit einem geringeren Einsatz von Chemikalien.

Der lateinische Begriff *humus* (»Boden, Erdreich«) ist auch der Ursprung für das Wort *homo* (im Sinne von »Mensch«). Wir Menschen bestehen aus den Elementen der Erde, die wir über die Pflanzen, die wir essen, aufnehmen. Der Boden ist die dünne Haut unseres Planeten und er versorgt uns mit allem, was wir brauchen. Er absorbiert unseren Kohlenstoff, lässt die Pflanzen Atemluft für uns erzeugen und schenkt uns die nötigen Mittel, um einen Großteil des Schadens, den wir angerichtet haben, wiedergutzumachen.

*Gefährdete Arten, die aus dem Boden wachsen, ihn nähren oder durch unsere Landnutzung bedroht werden.*

# ROSA PAGODENPILZ

*Podoserpula miranda*

Ein Stiel schiebt sich aus dem Moos wie ein rosa Spargel. Sein Kopf verdickt sich und öffnet sich dann zu einem Trichter mit Lamellen und einem gewellten Rand. Aus der Mitte wächst ein zweiter Stiel, der wieder einen Trichter bildet, bis etwa sechs übereinander stehen, gekrönt von einer kreiselförmigen Spitze. Die gesamte Struktur hat die Farbe von Zuckerwatte. Vor den Grüntönen der Moose und Blätter wirkt *Podoserpula miranda* wie ein Wesen von einem anderen Stern. Der Rosa Pagodenpilz kommt nur noch an fünf Plätzen im Süden Neukaledoniens vor. Sein Lebensraum wurde bereits stark verkleinert – durch Waldbrände und das Abholzen der Gummieichen, unter denen er wächst. In welcher Beziehung er zum Wald steht, ist noch unbekannt.

Schätzungsweise gibt es 3,8 Millionen Pilzarten, aber sicher weiß man es nicht. Im Fungarium der Kew Gardens in London befinden sich bisher 1,25 Millionen Spezies, aber man ist mit dem Zählen noch nicht fertig. Der Keller dort sieht aus wie ein auf dem Kopf stehender, neonbeleuchteter Maya-Tempel, in dem reihenweise Regale voller grüner Kisten stehen. Ein Archivar öffnet eine Box und entnimmt einen braunen, formlosen Gegenstand. Er ist an einer weißen Karte befestigt, auf der in verblasster Handschrift sein Name steht. Er ist weder Pflanze noch Tier, sondern ein getrockneter Pilz.

Pilze gibt es in unzähligen Formen und Farben: Sterne, Ananas, Schirme, Kuppeln; Pilze, die aussehen wie Spitze oder die im Dunkeln leuchten. Das größte Lebewesen der Erde ist ein Pilz. Jedes Jahr werden rund 2000 neue Arten entdeckt. Die ersten Organismen, die das Festland besiedelten und zum Entstehen der Erdatmosphäre beitrugen, waren Pilze. Vermutlich konnten sich Algen vor Milliarden Jahren nur deshalb zu Landpflanzen entwickeln, weil die Pilze bereits da waren.

Auch heute noch leben 90 % aller Pflanzenarten in einer Symbiose mit Pilzen, die mit ihnen über ihre Hyphen verbunden sind. Das sind feine Zellfäden, über die der Pilz seine Umgebung nach Nahrung und Wasser absucht. Mit diesen Hyphen kann der Pilz auch in Pflanzenwurzeln hineinwachsen oder sie umschließen und mit Nährstoffen versorgen. Im Austausch bekommt er von der Pflanze Kohlenstoff, den sie mittels Photosynthese aus der Luft aufnimmt und aus dem der Pilz die klebrige Proteinschicht seiner Hyphen erzeugt.

Das Myzel ist das gesamte Hyphennetz eines Pilzes. Es verbindet die Wurzeln vieler Pflanzen miteinander und dient den Pflanzen als Kommunikationsnetz: starke Bäume schicken darüber Nährstoffe an schwächere; eine Ackerbohne, die von Blattläusen befallen ist, kann Artgenossen rechtzeitig warnen, sodass sie Botenstoffe

bilden, um Blattläuse abzuwehren und ihre Fressfeinde, die Wespen, anzulocken. Manche Myzele übertragen elektrische Impulse, ähnlich wie unser Nervensystem.

Wenn der Boden umgegraben wird, zerreißen die filigranen Pilzfäden und gelangen an die Oberfläche, wo sie $CO_2$ an die Atmosphäre abgeben. Dabei wird der Kohlenstoffspeicher des Pilzes kleiner. Chemikalien aus der Landwirtschaft töten Pilze, dabei bräuchten wir weniger Düngemittel und Pestizide, wenn wir uns die schützenden und nährenden Eigenschaften der Pilze zunutze machen würden. Pilze zersetzen totes Pflanzenmaterial und führen es wieder dem Erdreich zu, wo es anderen Arten als Nahrung dient, den Boden resistenter gegen Dürre macht und den Kohlenstoff der Pflanzen begräbt.

Pilze haben für den Menschen vielerlei Nutzen. Über 350 Arten sind Speisepilze oder werden in der Lebensmittelindustrie eingesetzt, um unter anderem Käse oder Schokolade herzustellen. Myzelfasern können Plastik und Baumaterialien ersetzen, sodass weniger davon produziert werden muss und weniger $CO_2$ entsteht.

Pilze können die Verbindungen zwischen Wasserstoff und Kohlenstoff lösen, was bedeutet, dass sie Öl und Diesel biologisch abbauen und sogar Plastik zersetzen können. Ihren Nutzen für die Medizin bewies Alexander Fleming, als er 1928 das Penizillin entdeckte. Die amerikanische Lebensmittel- und Arzneimittelbehörde FDA nennt 16 medizinische Wirkstoffe, die aus Pilzen gewonnen wurden. Einige von ihnen sind in Cholesterinsenkern und Krebsmedikamenten enthalten.

In den Kew Gardens wird Pionierarbeit geleistet. Die Gewächshäuser und das Fungarium mit ihren Millionen Spezies sind wie eine Arche Noah. Von vielen Arten, die hier bewahrt werden, ist der Lebensraum bereits so stark zerstört, dass er für sie unbewohnbar ist.

Mit jedem Wald, den wir niederbrennen und bebauen, vernichten wir auch seine Pilze, von denen wir viele nie kennenlernen und nie von ihrem Nutzen profitieren werden. Während ich an diesem Buch schreibe, gibt es nur noch 240 Rosa Pagodenpilze, die auch nach wie vor von Waldbränden bedroht werden.

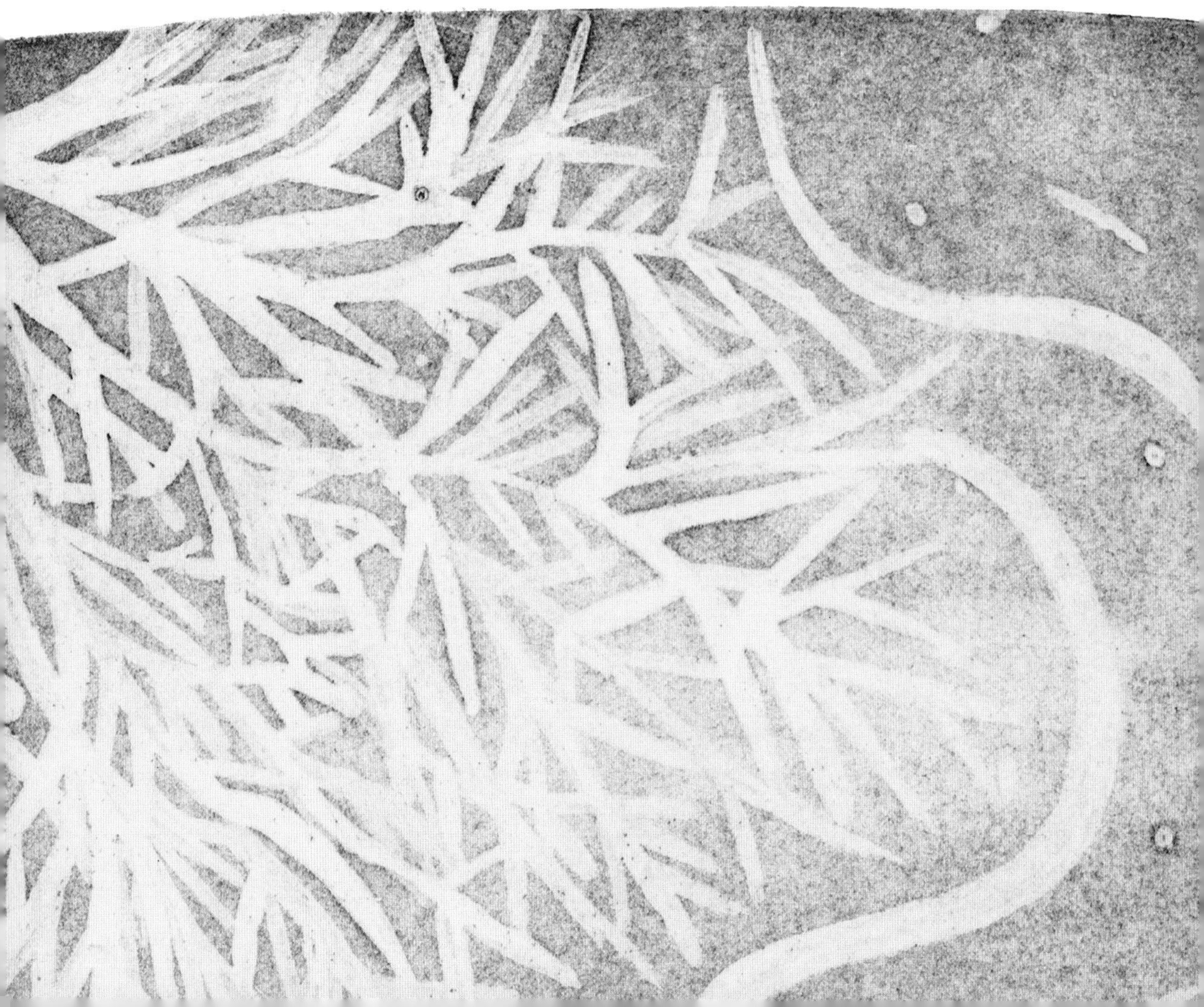

# SCHACHBLUME

*Fritillaria meleagris*

Feuchtwiesen: Hochwasser sammelt sich in Senken und lässt die Pflanzen in scharfem Kontrast hervortreten.

Anfang April wachsen auf den Wässerwiesen Südenglands die ersten Triebe der Schachblume, aus denen sich die Blüten mit dem gewürfelten Muster entwickeln. Jeder der zarten Stiele trägt drei bis sechs lange Blätter. Am oberen Ende krümmt sich der Stängel wie ein Hirtenstab. Die Blüte hängt nach unten, sodass die Pollen vor Regen geschützt sind. In geschlossenem Zustand hat die Knospe die Form eines Schlangenkopfs; die offene Blüte ähnelt einer Laterne. Die Blütenblätter sind rosa und purpurrot und leuchten im Licht wie Buntglas.

Sobald die Blumen bestäubt sind, drehen sich ihre Köpfe zum Himmel, damit der Wind die Samen mitnehmen kann. Früher sagte man, sie wuchsen, wo die Römer wandelten. Sie reflektieren nahes Infrarot- und UV-Licht. Hummeln sehen das und werden angelockt, auch von den Mustern und Bewegungen der Blüten. Der Bestäubungsakt, bei dem die Hummel in die Blüte kriecht und sie schüttelt, hält Schimmel von der Blume fern.

Das Genom der Schachblume ist um ein Vielfaches größer als unseres. Durch Baumaßnahmen, Pflügen, Agrochemikalien und Trockenlegung der Feuchtwiesen wird der Lebensraum dieser Pflanzen zerstört. In Belgien und Tschechien sind sie bereits ausgestorben, in anderen Teilen Europas kommen sie noch vor.

Wiesen aller Art sind gefährdet. Vor der Erfindung des Traktors waren sie die »Treibstoffquelle« für den Bauernhof, da auf ihnen das Futter für die Arbeitspferde wuchs. Aus Aufzeichnungen wissen wir, dass Wiesen oft einen größeren Wert als Äcker oder Weiden hatten.

Ein Acker kann leer stehen und nur umgegrabene Erde enthalten, eingezäunt von Stacheldraht. Eine Wiese ist nie leer, da sie nicht bebaut wird, sondern nur abgegrast oder gemäht. Darum wachsen auf ihr auch viele verschiedene Pflanzen, und wo es diese Vielfalt gibt,

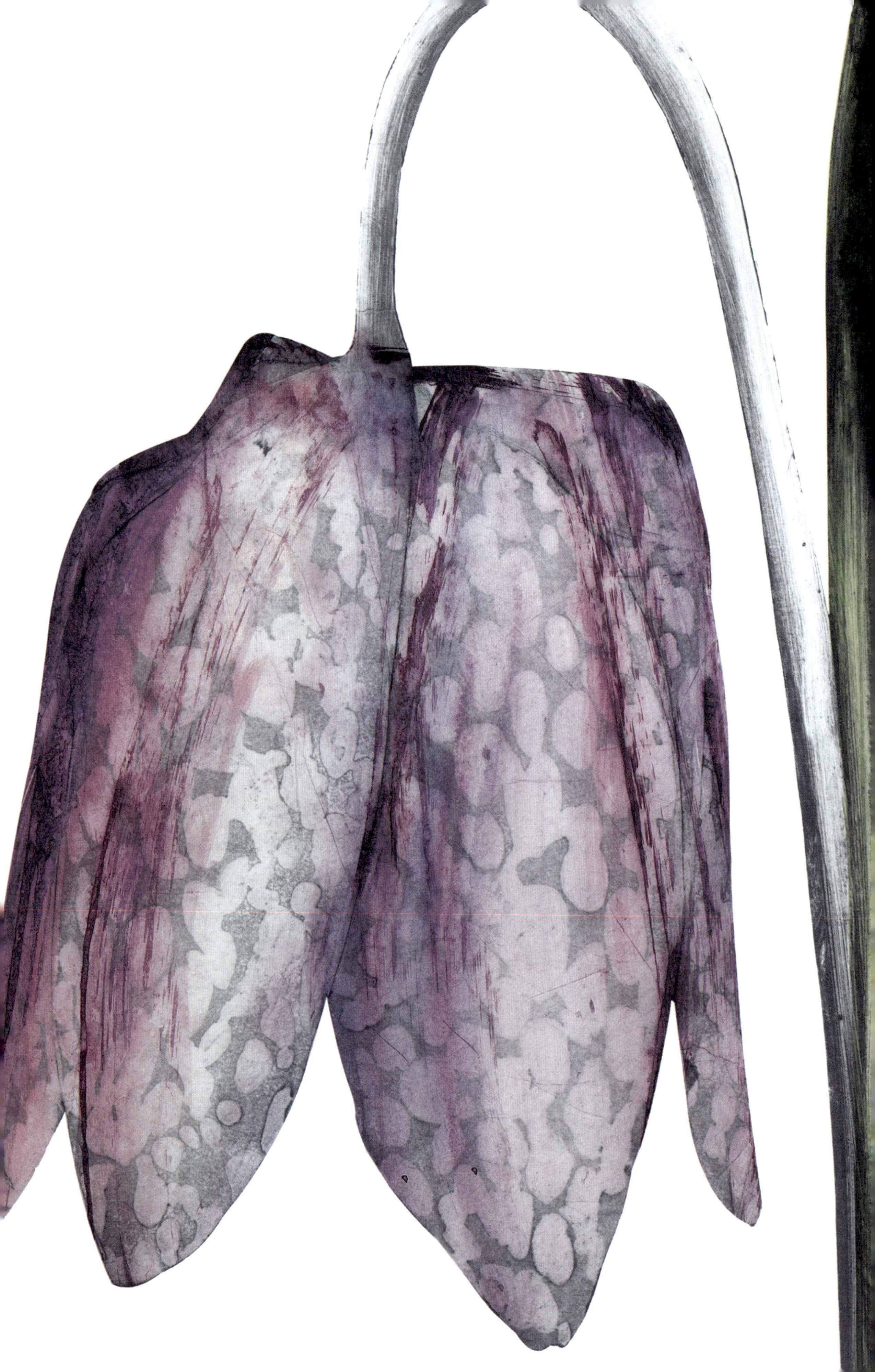

gibt es auch Leben. Allerdings ist der richtige Zeitpunkt der Heuernte wichtig: Die Samen müssen erst reifen, was auch den Vögeln, die ihre Nester auf dem Boden haben, genug Zeit gibt, um ihre Eier auszubrüten.

Der Kleine Klappertopf ist ein guter Wiesengestalter, da er Gras verdrängt und Platz für andere Arten schafft. Bakterien der Gattung *Rhizobium* besiedeln die Wurzeln von Klee und Wicken und wandeln Luftstickstoff in für Pflanzen verwertbare Verbindungen um. Thymian- und Salbeiarten verströmen den Duftstoff Myrtenol, der Schädlinge vertreibt. Der Gewöhnliche Hornklee hilft dabei, Nutztiere vor Parasiten zu schützen.

Unter der Erde sind die Wiesenpflanzen über Wurzeln und Pilze verbunden, an der Oberfläche durch die Insekten, die sie bestäuben. Sie sind Futter für Arten wie das Graue Langohr: In Großbritannien gibt es nur noch etwa 1000 dieser Fledermäuse. Auch der Lebensraum von Eulen, die Wiesentiere fressen, wird kleiner.

Bereits der Einsatz von geringen Mengen Stickstoffdünger reduziert den Bestand an Wildblumen und Pilzen drastisch. Herbizide vernichten diese Organismen und Pestizide töten ihre Bestäuber.

Die Amethystfarbene Keule etwa reagiert auf Stickstoff äußerst empfindlich. Dieser violette Pilz wächst in Büscheln aus verzweigten Spitzen, die an Korallen erinnern. Er zersetzt totes Moos und Gras und schmeckt nach Gurke. Er mag alte Wiesen, Naturrasen und Friedhöfe. In den letzten 75 Jahren verlor er 90 % seines Lebensraums in Westeuropa und sein Bestand sinkt.

Wiesen sind ein Überbleibsel einer lang vergangenen Zeit, als die Menschen die ersten Bäume fällten und die ersten Waldlichtungen entstanden.

*Wenn Primeln gelb und Veilchen blau,*
*Und Maßlieb silberweiß im Grün,*
*Und Kuckucksblumen rings die Au*
*Mit bunter Frühlingspracht umblühn.*

Shakespeare, von dem diese Zeilen stammen, muss mit der Landschaft von Warwickshire vertraut gewesen sein. Heute bräuchte er Puck, um all diese Blumen an einem Ort zu finden. Seit den 1930er-Jahren sind in Großbritannien 97 % aller Wildblumenwiesen verschwunden. In Warwickshire existieren sogar nur noch 0,5 %.

# WISENT

*Bison bonasus*

In grauer Vorzeit formte ein Fluss diese Höhle in den Fels. Er schuf Vertiefungen, Wirbel und Wellen in den Kalkstein, bis ein umgekehrtes Relief seiner selbst entstand. Auf dem Lehmboden sieht man die Fußspuren eines Jungen und seines Hundes, und an der Decke die Rußflecken seiner brennenden Fackel. Hier lebten auch Wölfe und Höhlenbären, die größer als Grizzlys waren. Die weißen Linien ihrer Klauen, die den karamellbraunen Stein zerkratzten, sieht man noch deutlich.

Später, vor 36.000 Jahren, wurde an derselben Wand der Chauvet-Höhle in der Ardèche einen Steppenbison gezeichnet. Die schwarzen Umrisse haben bullige Schultern und einen dunklen Kopf mit Hörnern. Der Blick des Bisons weist zu drei Löwen an einer anderen Wand. In der Nähe sieht man die Malerei eines Auerochsen. Aus der Verbindung dieses Ur-Rinds und des Steppenbisons ging der Europäische Bison, der Wisent, hervor. Er ist Europas größtes Landsäugetier.

Von der Seite wirkt er fast, als wären es zwei Tiere, die unterhalb des Brustkorbs miteinander verwachsen sind. Das dunkle kastanienbraune Fell ist hinten glatter und kürzer und vorne zottelig. Die Hinterbeine sind schlank, aber der Hals- und Schulterbereich ist muskelbepackt und trägt einen massigen, gehörnten Kopf.

Der Steppenbison starb vor 11.000 Jahren aus und der letzte Auerochse wurde 1627 erlegt. Dreihundert Jahre danach wurde der letzte wildlebende Wisent im russischen Kaukasus getötet. Die Jagd und der Verlust ihres Lebensraums haben den Bestand verringert.

In den USA ergeht es dem Amerikanischen Bison oder Büffel ganz ähnlich. Es gibt Fotos von Jägern, die auf ganzen Bergen von Bisonschädeln stehen. Bei dem Versuch, die indigene Bevölkerung auszuhungern, wurde zum Büffelmassaker aufgerufen. Den meisten Tieren wurde die Haut abgezogen und die Zunge herausgeschnitten. Die Kadaver ließ man verrotten. Im Jahr 1900 gab es von 60 Millionen Bisons nur noch 300.

In Europa lebten 1927 gerade einmal 54 Wisents in Gefangenschaft. Die heutige Population wurde aus zwölf von ihnen gezüchtet. Abgesehen von den Problemen, die ein so kleiner Genpool mit sich bringt, sind Hybride generell anfälliger für Krankheiten.

Wisente sind sanft und scheu, wenn sie nicht gerade ihre Herde verteidigen. Die älteren Bullen kämpfen um die Weibchen. Mit gesenkten Hörnern rammen die tonnenschweren Tiere ihre Köpfe aneinander. Die Herde wird von den Kühen angeführt. Wisentgruppen ziehen über schneebedeckte Landschaften oder wie dunkle Schatten durch die Wälder. Sie bewegen sich schnell, mit der Wendigkeit eines Fischschwarms. Ruhen sie, dann stehen oder liegen sie still da. Ihre Atemluft erzeugt Nebelschleier im goldenen Licht der Karpaten.

Ausgewachsene Tiere nehmen täglich bis zu 60 Kilogramm Nahrung zu sich. Mit ihrer Masse und als Herde beeinflussen sie ihre Umwelt. Sie wühlen den Boden auf, scheuern Rinde ab, stoßen Bäume um, fressen junge Triebe und trampeln Schneisen, sodass manche Pflanzen mehr Licht bekommen. Das Holz, das zu Boden fällt, verrottet und lockt Insekten an, die von Vögeln gefressen werden. Die Vögel verwenden das Fell der Wisente zum Nestbau. Aus den Sandbädern der Tiere wachsen Glockenblumen, Heidekraut und Weidenröschen. Da die Wisente Sträucher und Gestrüpp fressen, helfen sie sogar dabei, Waldbrände zu vermeiden, und werden in Spanien daher wieder eingebürgert.

Dank Artenschutz können die Wisente die DNA von Auerochse und Steppenbison also auch in Zukunft noch weitergeben, so wie wir jene der Neandertaler.

# EUROPÄISCHE TURTELTAUBE

*Streptopelia turtur*

Ihr sanftes Grau schimmert im Sternenlicht. Die Flügel flattern schnell, sie verschwimmen unter dem bewegten Himmel, als sie Richtung Norden fliegt. Die heiße Wüstenluft steigt auf und bringt Auftrieb für sie und ihre zahllosen Begleiter. Sie lassen die Akazien hinter sich, und auch die bunten Gestalten auf dem Boden. Weiter geht es, über Meere, Berge und Städte, zu den kühlen grünen Wiesen und Büschen des Nordens.

Die Turteltaube verbringt zwei Drittel des Jahres im Norden Afrikas: in der trockenen Sahelzone, die südlich an die wachsende Sahara anschließt. Dort lassen sich die Vögel in Akazien nieder. Die Ressourcen und der Boden werden durch Bevölkerungszuwachs, Bebauung und Überweidung ausgelaugt. Je mehr Bäume gefällt werden, desto heißer und trockener wird das Land.

Anfang bis Mitte April verlassen die Tauben den Sahel und fliegen mit bis zu 60 km/h über die Sahara nach Norden. Sie sind nur nachts unterwegs und legen jede Nacht 500–700 Kilometer zurück. Die große Wüste ohne Nahrung und Wasser stellt ein beträchtliches Hindernis dar. Dort in einen Sturm zu geraten, ist für die kleinen Vögel fatal. Der Sand dringt in Augen, Mund, Nasenlöcher und Lungen ein und beschwert das Gefieder. Das macht die Wegfindung unmöglich. Von den Tauben, die es bis nach Ägypten und Marokko schaffen, werden viele während ihrer Rast gefangen oder abgeschossen. Manche fliegen nach Europa, wo man im Frühling und Sommer ihr zartes Gurren hören kann. Turteltauben verpartnern sich fürs Leben und gelten weltweit als Symbol der Liebe und der Treue, ob in der Bibel oder bei Shakespeare. Zwei Turteltauben zogen den Streitwagen der Göttin Aphrodite.

Auch in Europa werden sie bejagt. Die Auflagen der EU werden dabei ignoriert. In Spanien machen die Tauben Halt, um sich zu stärken. An ihren Trinkplätzen lauert man ihnen auf. Man schätzt, dass in Europa und Nordafrika jedes Jahr drei Millionen Turteltauben getötet werden. Seit 1980 hat sich der europäische Bestand um 62 % und der in Westrussland um 90 % verringert. Das Schicksal der Wandertaube soll uns eine Warnung sein: In Nordamerika gab es einst so viele, dass man eine Ausrottung für unmöglich hielt. Aber weit gefehlt.

In Großbritannien werden Turteltauben nicht gejagt, dennoch ist ihr Bestand seit 1970 um 98 % zurückgegangen, vor allem durch den Verlust des Lebensraums und intensive Landwirtschaft. Die Tauben sind scheu. Sie nisten in Bäumen, Hecken und Büschen, in der Nähe von Wasser und Futterpflanzen – die wir oft für Unkraut halten: Acker-Senf, Gänsefuß, Erdrauch, Vogelmiere, Hornkraut, Rotschwingel und Vogelknöterich.

Im Süden Großbritanniens gibt es kaum noch unberührte Natur: Hecken werden beschnitten, Unkraut wird vernichtet, Wiesen werden mit Monokultur neu besät. Die Tauben müssen weiter fliegen, um Nahrung zu finden. Da ihre natürlichen Futterpflanzen weg sind, müssen sie Kulturgetreide fressen, das für sie schwer verdaulich ist. Die Pestizide, mit denen es behandelt ist, beeinträchtigen die Fruchtbarkeit der Vögel.

Die Turteltauben werden in Großbritannien schneller dezimiert als jede andere Vogelart. Das Land gehört zu den größten und weitreichendsten Naturzerstörern der Welt und liegt auf Platz 189 von 218.

Einer der letzten Brutplätze ist das Landgut Knepp Estate in West Sussex, das man wieder verwildern ließ. Hier dürfen die Tiere und die Natur machen, was sie wollen. Es werden keine Chemikalien verwendet und aus den Kosten wurde Gewinn. Die Tiere mähen ihre Weiden selbst und düngen sie dabei auch noch. Mittlerweile leben dort auch 19 Turteltauben-Brutpaare.

Beim Balztanz verbeugt sich der Tauber und stößt ein sanft trillerndes Gurren aus. Hat die Täubin Interesse an ihm, bauen die beiden aus Zweigen und trockenem Gras ein Nest, in das ein bis zwei weiße Eier gelegt werden. Die Eltern brüten abwechselnd – der Vater am Tag, die Mutter in der Nacht. Früher brüteten die Tauben dreimal im Jahr, heute bestenfalls einmal.

Wenn wir die Natur verdrängen, wird die Turteltaube im nebligen Norden nicht mehr den Sommer verkünden. Meine Generation wird vielleicht die erste sein, die ihr liebliches Gurren bald nicht mehr hören wird.

# PARDELLUCHS

*Lynx pardinus*

Wenn man an einer sternklaren Nacht in den Himmel schaut, sieht man zwischen dem Großen Bären und dem Fuhrmann vielleicht den Luchs. Das Sternbild wurde 1687 vom Astronomen Johannes Hevelius so benannt, weil man die Augen eines Luchses haben müsste, um die schwach leuchtenden Sterne, die viele Lichtjahre entfernt sind, sehen zu können. In einer wolkenhellen Nacht sieht man aber eher die Sterne als das Tier.

Die schwarz umrandeten, gelben Augen mit schmalen Pupillen leuchten aus einem Gesicht, das von einem Backenbart gesäumt ist. Diese Fellbüschel sind an den Seiten dunkel und laufen nach unten in zwei spitze, weiße Dreiecke zusammen, deren Form den Ohren ähnelt.

Das maisgelbe Fell ist dunkel gefleckt und spiegelt das Licht- und Schattenspiel der Garrigue wider. Die Hinterbeine des Luchses sind länger und kräftiger als seine Vorderbeine, sodass er mühelos über zwei Meter hohe Hindernisse springen kann, selbst mit Beute im Maul. Bei der Jagd erreicht er eine Geschwindigkeit von bis zu 80 km/h und scheint mit geschmeidigen Pfoten nahezu über den Boden zu fliegen. Luchse hören und sehen außerordentlich gut. Sie sind nachtaktiv, aber jagen bevorzugt bei Sonnenuntergang, denn dann erscheinen ihre Hauptbeutetiere: die Kaninchen.

Obwohl die spanische Regierung bereits seit den 1950er-Jahren die Luchsjagd nicht mehr fördert, sinkt der Bestand, da auch die Kaninchenpopulation durch Myxomatose oder RHD-Viren stark dezimiert wurde. Seit den 1950er-Jahren opfert man den Lebensraum der Luchse der Landwirtschaft und dem Bau von Hotelanlagen. Das Straßennetz breitet sich aus. Am Ende des 20. Jahrhunderts gab es keine Hundert Pardelluchse mehr. Ihr Habitat war fast verschwunden. Ohne Schutzmaßnahmen wäre dieser Luchs seit dem Säbelzahntiger die erste ausgestorbene Raubkatze in Europa gewesen.

Der Pardelluchs ist eines von nur zwei Raubtieren, die in Europa heimisch sind. Man stellte Lebensraum wieder her, setzte Tausende Kaninchen aus, startete Aufklärungskampagnen und siedelte den Luchs in Portugal wieder an. Im Jahr 2021 gab es bereits mehr als 1000 Pardelluchse. Der kleine Genpool und die daraus resultierende Inzucht macht die Tiere aber anfällig für Krankheiten. Im Jahr 2007 fielen viele Luchse einem Ausbruch des felinen Leukämievirus zum Opfer. Auch Wilderei kommt noch vor, aber die meisten unnatürlichen Todesfälle der Luchse ereignen sich im Straßenverkehr.

---

Der Pardelluchs wurde aufgrund seiner Popularität gerettet, aber es gibt noch viele andere Tiere, die unsere Hilfe genauso dringend brauchen.

# KLEINE MEXIKANISCHE BLÜTENFLEDERMAUS

*Leptonycteris yerbabuenae*

Tief im Ödland der Sonora-Wüste, inmitten eines alten Vulkans, wird eine Fledermaus geboren. Sie klammert sich an ihre Mutter, deren weiche Flügel sie schützend umhüllen. Beide hängen kopfüber vom Gewölbe, verankert durch die kleinen Füße der Mutter. Sie befinden sich Hunderte Meter unter der Erde, zwischen Gängen aus Granit und Lava. Die Luft ist warm und feucht. In der Nähe sind Tausende Artgenossen, die sich in der ewigen Dunkelheit der Cueva de los Leptos sicher fühlen. Hier ist eine der wenigen Höhlen, in denen die Kleine Mexikanische Blütenfledermaus ihre Jungen aufziehen. Mit ihren Fingern putzt die Mutter ihr Junges. Auch ihr Leben begann einmal in dieser Höhle.

Vor drei Monaten verließ sie ihr Überwinterungsgebiet im 2000 Kilometer entfernten Wald Zentralmexikos und machte sich zusammen mit vielen anderen Fledermausweibchen auf die Reise zur Cueva de los Leptos im Nordwesten Mexikos. Als Nahrung dient ihnen der Nektar der nachtblühenden Riesenkakteen. Sie folgen dem Frühling nach Norden und bestäuben die Pflanzen auf ihrem Weg, der zwischen dem Pazifischen Ozean und dem Gebirge der Sierra Madre verläuft.

Wenn sie im Herbst in den Süden zurückkehren, blüht die Blaue Agave, aus der Tequila hergestellt wird. Die große Rosette aus spitzen, graublauen Blättern blüht nur einmal und bis es soweit ist, können 14 Jahre vergehen. Dann jedoch verwendet sie ihre gesamte Energie, um einen fünf Meter hohen, gelben Blütenstand zu bilden. Die Fledermäuse lieben den Nektar dieser Blüten und tauchen mit ihren verlängerten Schnauzen in die Pollen ein, bis ihr halber Körper mit Blütenstaub bedeckt ist. Sobald die Agave verblüht ist, stirbt die Pflanze ab. Auf ihrer langen Wanderung bestäuben die Fledermäuse verschiedene Agavenarten und fördern dabei die genetische Vielfalt.

---

In der Wüste über der Cueva de los Leptos kriecht eine Gopherschildkröte über das warme, schwarze Gestein. Ein Zebraschwanzleguan vergräbt sich im roten Sand. Der Mond geht auf und die Nachtblüher öffnen sich.

Die Fledermausmütter versammeln sich und kreisen in ihrer Höhle, bevor sie in den Mondschein fliegen. Sie schwärmen aus, erst Hunderte, dann Tausende Tiere, die im Zickzack durch die Nacht flattern. Sie gehören der Ordnung Chiroptera (»Handflügler«) an und sind die einzigen Säugetiere, die oft wendiger und effizienter fliegen als Vögel. Dabei orientieren sie sich per Ultraschall. Das Echo ihrer schrillen Rufe beschreibt ihre Umgebung. Jede Nacht legen die Muttertiere auf der Suche nach den Blüten des Saguaro-Kaktus bis zu 100 Kilometer zurück.

Die Kleine Mexikanische Blütenfledermaus ist nur eine von 1400 Fledermausarten. Die meisten von ihnen sind Insektenfresser, was Feldfrüchte vor Schädlingen schützt, sodass weniger Insektizide benötigt werden. Eine Studie fand heraus, dass auf einem Reisfeld bereits zwölf Mückenfledermäuse pro Hektar genügen, um nicht mehr gegen Reisstängelbohrer sprühen zu müssen. Ausgewachsene Mausohrfledermäuse fressen pro Stunde rund 600 Stechmücken und sie jagen Apfelwickler, die Walnuss-, Birnen- und Apfelbäume befallen. Allein in den USA erspart sich die Landwirtschaft durch den Einsatz von pflanzenschonenden Fledermäusen jedes Jahr zweistellige Milliardenbeträge.

In einer einzigen Nacht kann eine Fledermaus rund 60.000 Samen über eine Fläche von Hunderten Kilometern verbreiten. Werden sie mit Fledermausguano gedüngt, steigt auch die Chance, dass sie Wurzeln schlagen. Die tropische Kannenpflanze *Nepenthes hemsleyana* wächst im nährstoffarmen Boden von Brunei und wird von der Hardwicke-Wollfledermaus leicht erkannt. Für das kleine Tier bietet die Kanne der Pflanze das perfekte Versteck für eine Mutter und ihr Junges. Sie hat sogar einen Deckel, der vor Regen schützt. Im Austausch erhält die Pflanze wichtige Nährstoffe aus dem Kot der Fledermaus. In Höhlen entstehen durch den Guano im Laufe von Jahrhunderten einzigartige Ökosysteme. Baut der Mensch den Guano ab, etwa um ihn als Düngemittel zu nutzen, werden sie zerstört.

Heute sind 181 Fledermausarten vom Aussterben bedroht. Die scheuen Tiere werden an vielen Orten wie Ungeziefer gejagt. Ihre Höhlen werden versiegelt, gesprengt oder vergiftet, ihre Wälder gerodet. Oft werden sie von Menschen zu früh aus dem Winterschlaf gerissen und verhungern. Der Weißnasenpilz tötet Populationen auf der ganzen Welt. In Australien sterben Brillenflughunde an der Hitze. Vermutlich wird der Klimawandel auch die Wanderungs- und Blütezeiten verändern, sodass die Fledermäuse weniger Nahrung finden und weniger Blüten bestäuben. In manchen Ländern werden Fledermäuse auch in großen Mengen gegessen.

---

Im Jahr 1988 gab es nur noch rund 1000 Kleine Mexikanische Blütenfledermäuse. Sie wurden größtenteils ausgerottet und ihr Lebensraum zerstört. Der Saft der Agaven wird bereits vor der Blüte geerntet, damit er mehr Zucker für die Herstellung von Tequila enthält. Für die Fledermäuse bleibt nichts. Bauern klonen die Agaven, aber diese Pflanzen sind anfällig für Krankheiten und müssen chemisch behandelt werden.

Grenzüberschreitender Artenschutz, Aufklärungskampagnen zum Nutzen der Fledermäuse und der Erhalt einiger blühender Agaven haben den Bestand wieder stabilisiert, sodass die Mexikanische Blütenfledermaus die erste Art ist, die von der amerikanischen Roten Liste gestrichen wurde. Mittlerweile wird auch »fledermausfreundlicher« Tequila produziert. Das zeigt uns, dass wir auch anderen Fledermausarten helfen können.

Während wir schlafen, tragen die Fledermäuse dazu bei, dass unsere Pflanzen und Wälder gedeihen, Schädlinge nicht Überhand nehmen und die Artenvielfalt erhalten bleibt. Wer Avocados, Bananen, Mangos, Pfirsiche, Feigen, Vanille, Zucker, Reis, Datteln, Pekan-, Cashew- und Macadamianüsse, Mais, Gurken, Soja, Schokolade, Johannisbrot, Guaven, Tomaten, Balsaholz, Kakteen, Kaffee, Tee, Wein, Baumwolle und Margaritas mag, hat den Fledermäusen viel zu verdanken.

# GROSSER SOLDATENARA

*Ara ambiguus*

Im späten Frühjahr fliegt der Große Soldatenara aus dem Hochland Nicaraguas nach Costa Rica und sucht in den Waldresten dort nach Almendro-Bäumen. Diese 50 Meter hohen Riesen sind wie senkrechte, lebendige Gärten aus Ranken und Moos, die Tausenden unterschiedlichen Insekten, Pflanzen, Vögeln und anderen Tieren ein Zuhause bieten. Ihre rosa Blüten öffnen sich nur für einen Tag, direkt nach Sonnenaufgang, und locken Kolibris und 13 Bienenarten an. Blattschneiderameisen tragen die Blütenblätter in ihre Nester und füttern dort Pilze, von denen sich ihre Larven ernähren.

Affen, Flughunde und Fische fressen das süße Fruchtfleisch, das die Samenkapsel umgibt. Die Affen und die Aras sind wählerisch und werfen viele Früchte auf den Waldboden, wo sie von Agutis verspeist oder vergraben werden. In den Bromelien, die auf den Bäumen wachsen, sammelt sich Regenwasser, das die Aras trinken. Der grün-schwarze Pfeilgiftfrosch klettert mit Kaulquappen beladen den Stamm hoch und lädt seine Jungen einzeln im Schutz dieser Miniaturteiche ab.

Die Früchte sind nicht reif, wenn der Ara eintrifft. Er öffnet sie mit seinem kräftigen, gekrümmten Schnabel und löst geschickt den weißen Kern heraus. Der Ara pickt in die Rinde über seiner Nisthöhle und zieht sich hoch. Die Vögel sind auf die Almendro-Bäume angewiesen. Wenn Äste abbrechen, bleiben Löcher im Stamm, in denen die Aras ihre Nester bauen. Wenn die Jungvögel flügge werden, blicken sie ängstlich in die Tiefe und krallen sich fest. Die Eltern fliegen um den Baum und stoßen Rufe der Ermutigung aus. Die Küken bleiben Monate bei ihnen und lernen, wie man Raubvögeln aus dem Weg geht und andere Almendro-Bäume findet.

Bei der Entwaldung, die seit Hundert Jahren rasant voranschreitet, werden viele Almendros gefällt und mit ihnen verschwinden auch die Aras. Das Kronendach der Bäume ist zerrissen. Hektarweise Wald und das Leben darin wurden niedergebrannt. Aus der Luft sieht man die Baumstämme als dunkle Linien verstreut am Boden liegen. Der Gasaustausch des Waldes findet nicht mehr statt, sodass es seltener regnet. Statt reicher Artenvielfalt gibt es jetzt Straßen, Rohstoffabbau und Monokulturen von Ananas, Bananen, Rindern und Kakao.

Die Soldatenaras binden sich fürs Leben und sind so gesellig, dass sie auch dem Menschen zugetan sind, wenn sie keinen Kontakt zu Artgenossen haben. Man vermutet, dass sie unsere Sprache unter anderem deswegen lernen, um von uns akzeptiert zu werden. Darum merken sie sich auch schnell, mit welchen Wörtern sie uns am besten zum Lachen bringen können.

Viele Arten der Aras und generell der übergeordneten Familie der Papageien sind vom Aussterben bedroht. Der himmelblaue Spix-Ara ist in freier Wildbahn bereits ausgestorben.

# NUMBAT

*Myrmecobius fasciatus*

Zwei dunkle Bänder betonen seine Augen und die dreieckige Kopfform. Sein Körper geht von einem rötlichen Braun in ein dunkles Rostbraun über. Den hinteren Rücken bedeckt ein Muster aus weißen Querstreifen, die einzigartig wie ein Fingerabdruck sind. Sein buschiger, langer Schwanz erinnert an eine Flaschenbürste.

Die Muster und Farben des Numbats dienen am laubbedeckten Waldboden als Tarnung. Von Zeit zu Zeit stellt er sich auf die Hinterbeine, um sich einen besseren Überblick zu verschaffen. Er bewegt sich flink, aber hält wie erstarrt inne, wenn er nach seinen heimischen Fressfeinden lauscht: Kaninchenadler, Bänderhabicht, Sydneysperber und Rautenpython. Noch tödlicher sind jedoch die Füchse und Katzen, die im 19. Jahrhundert in Australien eingeschleppt wurden.

Der Numbat ist ein Beuteltier aus der Ordnung der Raubbeutlerartigen (Dasyuromorphia). Von den anderen Spezies dieser Gruppe hatte auch der Beutelwolf ein ähnliches Streifenmuster, aber die Art wurde bereits vor den 1930er-Jahren durch Bejagung ausgerottet.

Numbats verfügen über einen scharfen Geruchssinn und können Termiten, die sich knapp unter der Erde befinden, aufspüren. Diese Insekten verkriechen sich in einem Netz aus kühlen Tunneln, durch die sie von einem Stück Holz zum nächsten gelangen.

Ein Numbat muss pro Tag 20.000 Termiten fressen; ein Weibchen, das Junge hat, doppelt so viele. Sie fangen sie mit ihrer Zunge, die fast halb so lang wie ihr Körper ist. Termiten zersetzen umgestürzte Bäume, wo die Numbats ihre Wohnhöhlen haben.

Als 1788 die ersten Europäer nach Australien kamen, erstreckte sich das Verbreitungsgebiet des Numbats bogenförmig über den Süden des Kontinents. Damals war es Millionen Quadratkilometer groß, heute nur noch wenige Hundert. Eine Forschungsarbeit aus dem Jahr 2010 dokumentiert, dass seit der Ankunft der Europäer fast 40 % der australischen Wälder zerstört wurden.

Trotz Erhaltungszucht in Gefangenschaft mit anschließender Auswilderung gibt es weltweit nicht einmal mehr 1000 Numbats.

# DUNGKÄFER

Bevor unsere Städte so groß und so hell erleuchtet waren, konnte jeder in den Nachthimmel schauen und sah dort: Ngân Hà, den Silberfluss; Linnutee, den Vogelweg; das Rückgrat der Nacht; das Feld, auf dem die Vorfahren Strauße jagten. Über 100.000 Lichtjahre lang, 1000 Lichtjahre breit und 13,6 Milliarden Jahre alt. Unsere Heimatgalaxie, die Milchstraße – eine unvorstellbar große Spirale aus Gas, Sternen und Planeten.

In einer mondlosen Nacht auf einem kleinen Planeten, Tausende Lichtjahre von ihrem Zentrum entfernt, rollt ein schwarzer Käfer eine Kugel aus Mist durch die afrikanische Savanne. Er bewegt sich rückwärts und kopfüber und hat es eilig, nach Hause zu kommen. Er ist 2,5 Zentimeter lang. Sein Kopf zeigt zur Erde, seine Hinterbeine hoch zu den Sternen, die ihm den Weg leuchten. Mit dem Kopf und den kräftigen Vorderbeinen hält er in einem 45-Grad-Handstand die Balance und dreht die Kugel, die ein Vielfaches seines Körpergewichts hat, während seine Hinterbeine sie geradeaus lenken. Alle paar Minuten hält er an, klettert auf die Kugel, dreht sich einmal im Kreis und blickt nach oben. Das ist *Scarabaeus satyrus*. Genau wie Seehunde, Indigofinken, Nachtfalter und Seeleute orientiert er sich an den Sternen. Seine kleinen Pupillen können nicht zwischen einzelnen Sternen und Sternbildern unterscheiden und sehen die Milchstraße wie einen Lichtstrahl. Also prüft er jedes Mal, wenn er auf die Mistkugel klettert, die unterschiedlichen Helligkeitsstufen der Galaxie und ermittelt so seine Position. Man weiß nicht, wie ein Gehirn von der Größe eines Sesamkorns eine solche Komplexität verarbeiten und so winzige Veränderungen messen kann. Dieser Käfer ist neben dem Menschen das einzige bekannte Tier, das die Milchstraße zur Navigation nutzt. Er krabbelt mit dem Kopf voraus von der Kugel, nimmt wieder seine Stellung ein und setzt seinen Weg fort.

Es gibt über 6000 Arten von dungassoziierten Käfern, die in drei Gruppen unterteilt werden können: die Bewohner, die im Kothaufen leben; die Tunnelgräber, die unter ihm Gänge graben und ihren Anteil in ihren Bau bringen; und die Roller. Letztere müssen ihre Mistkugel möglichst schnell vom Haufen wegbringen, damit sie nicht gestohlen wird. Also nehmen sie den direkten Weg. Manche orientieren sich an der Windrichtung, während die Sonne am höchsten Punkt steht.

Männliche und weibliche Käfer treffen sich am Kothaufen. Um das Weibchen anzulocken, macht das Männchen einen Handstand und reibt sich dabei mit den Hinterbeinen den Bauch, um Pheromone freizusetzen. Dann bietet er ihr eine Mistkugel an. Die Pärchen mancher Arten bauen gemeinsam eine Brutkugel, auf der das Weibchen vom Männchen nach Hause gerollt wird.

Bei *Circellium bacchus*, einem der seltensten Dungkäfer Afrikas, sind die Rollen vertauscht: Das Weibchen rollt die Kugel und das Männchen krabbelt hinterher. Sobald sie die Brutkugel sicher unter die Erde gebracht haben, legt das Weibchen ein einzelnes Ei hinein. Im nächsten Frühling schlüpft daraus eine Larve. Die Mutter bedeckt die Kugel mit Speichel und mehr Kot, damit das Ei geschützt ist und genug Nahrung hat. Während die meisten Insekten Tausende Eier auf einmal legen und keine Brutpflege betreiben, zieht das Weibchen von *Circellium bacchus* nur ein Junges pro Jahr auf und bleibt bei ihm, um es zu beschützen, zu säubern und die Kugel bei Bedarf zu reparieren. Die Larven der Käfer werden oft von Erdferkeln und Honigdachsen gefressen. Sobald sie geschlüpft sind, fressen sich die Larven durch den Kot der Kugel. Dungkäfer machen wie Schmetterlinge eine vollständige Metamorphose durch und verwandeln sich von Larve zu Puppe zu Käfer. Mit dem harten Panzer gräbt sich der Käfer schließlich aus der Erde.

Dungkäfer gibt es auf allen Kontinenten, außer in der Antarktis. Da sie Kot entfernen, reinigen sie die Erdoberfläche und düngen den Boden für neues Wachstum, wenn im Frühling neue Jungtiere auftauchen. Dungkäfer vergraben geschätzte 70 % des gesamten Mists in der Serengeti. Sie belüften das Erdreich und verteilen Samen. Die Samenkapseln der südafrikanischen Pflanze *Ceratocaryum argenteum* ähneln in ihrem Aussehen und in ihrem Geruch den Ausscheidungen der Buntbock-Antilope und täuschen den Käfer, der sie unter die Erde bringt, wo sie dann keimen.

Dungkäfer gehören zu den wenigen Arten, die man erfolgreich ansiedeln konnte: Auf australischen Farmen haben sie 90 % der Fliegen vertrieben. In Teilen von Texas vergraben sie über 80 % der Kuhfladen, wodurch weniger Kunstdünger benötigt wird.

Ihre unterirdischen Tunnel lockern die Erde auf, sodass sie leichter Wasser aufnehmen und besser Chemikalien filtern kann. Wenn sich die Käfer durch Dunghaufen graben, reichern sie den Mist mit Sauerstoff an. Die Archeen, die sich in ihm befinden und die das Treibhausgas Methan produzieren, sterben dadurch ab und dienen als Nahrung für Hunderte andere Arten, unter anderem für die Zebramanguste in Afrika, die Östliche Schmuck-Dosenschildkröte in Nordamerika and die Großen Hufeisennase in Europa.

Allein in Großbritannien schätzt man ihren Nutzen für die Landwirtschaft auf Hunderte Millionen Pfund. Allerdings gelangen Antiparasitika und Antibiotika, die den Nutztieren verabreicht werden, in den Mist und schaden den Käfern. Mittlerweile sind ein Viertel der britischen Dungkäferarten selten geworden, vier sind bereits ausgestorben und über 16 werden durch intensive Landwirtschaft bedroht. Der weltweite Bestand wird durch Lebensraumverlust, Agrochemikalien und die Abwesenheit von Dunkelheit dezimiert. Dort, wo das Buschland für Rinderherden gerodet wurde, ist *Scarabaeus satyrus* verschwunden. *Circellium bacchus*, der in Südafrika weit verbreitet war, kommt nur noch in Nationalparks vor, wo es auch Nashörner und Elefanten gibt.

Aufgrund von Lichtverschmutzung können 99 % aller Europäer und Nordamerikaner die Milchstraße nicht mehr sehen. Eine wichtige Erfahrung des Menschseins kann nicht mehr gemacht werden. Der Verlust der Dunkelheit schadet uns, aber noch mehr dem Dungkäfer, dessen Leben vom Blick auf den Sternenhimmel abhängt. Und wir brauchen Arten wie ihn.

Die alten Ägypter erkannten, wie wichtig der Dungkäfer ist, und hielten ihn für die Verkörperung des Gottes Chepre, der die Sonnenkugel über den Himmel rollte und sie nachts in die Unterwelt brachte, bevor sie am nächsten Tag wieder auftauchte. Sein Sternbild war der Skarabäus, der bei uns Krebs heißt. Wir berauben uns heute nicht nur des Blicks auf die Schönheit unserer Galaxie, sondern auch der nützlichen Dienste dieses starken und fleißigen Krabbeltiers.

# TRAMPELTIER

*Camelus bactrianus*

Die Herde zieht langsam an einer Sanddüne entlang. Die Sonne steht tief am Horizont und taucht ihre Umrisse und die Wolken ihres Atems in ein goldenes Licht. An den Kurven aus Hals und zwei Höckern erkennt man sofort, dass es sich um Trampeltiere handelt. Im Schatten der Düne liegt Schnee. Hier in der Wüste Gobi weht der Nordwind, der aus Sibirien kommt, und kühlt die Luft auf bis zu –40 °C ab. Es ist so kalt und trocken, dass der Schnee nicht schmilzt, sondern verdunstet. Die Trampeltiere fressen den Schnee, um sich mit Flüssigkeit zu versorgen. Sie sind robust und anpassungsfähig. Im Sommer kann es hier über 50 °C heiß werden.

Die Trampeltiere haben breite Fußsohlen, die verhindern, dass sie im Sand einsinken oder sich an spitzen Felsen verletzen. Dank der langen Beine befindet sich ihr Körper nicht zu nah am Wüstenboden, wo die Luft am heißesten ist. Ihr Fell ist sandfarben bis dunkelbraun und ihre Augen sind durch doppelte Wimpernreihen vor Sandstürmen geschützt. Ihre Höcker, auf denen braune Fellbüschel wachsen, sind Fettreserven, die es ihnen ermöglichen, tagelang ohne Nahrung auszukommen. Trampeltiere leben in Gruppen von bis zu 30 Tieren unter der Führung eines dominanten Männchens.

Das Verbreitungsgebiet des Trampeltiers reichte einst vom großen Bogen des Gelben Flusses über die Wüste bis nach Zentralkasachstan. Die etwa 1000 noch lebenden Tiere – 600 in China, 450 in der Mongolei – sind die Nachkommen der Herden, die vor Millionen Jahren über die Landbrücke der Beringsee aus Nordamerika einwanderten und als eigene Art gelten.

In China finden sich die letzten wildlebenden Trampeltiere vorwiegend im Gebiet von Lop Nor, wo die chinesische Regierung im Zeitraum von 32 Jahren, bis 1996, insgesamt 45 Atomtests durchführte. Die Hälfte der Explosionen war stärker als die Hiroshima-Bombe. Die Trampeltiere überlebten. Der chinesische Bereich ihres Lebensraums ist besonders trocken, aber die Tiere passten sich an, um Wasser mit einem höheren Salzgehalt als das Meer trinken zu können. Wie sie dazu in der Lage sind, ist jedoch ein Rätsel.

Trotz ihrer Belastbarkeit gehören sie zu den bedrohtesten Säugetieren der Welt. In der Mitte des 19. Jahrhunderts waren sie im westlichen Teil ihres Areals bereits ausgelöscht worden und noch immer werden sie bejagt. Jedes Jahr werden rund 50 Tiere – etwa 5 % des Bestands – erschossen oder von Landminen getötet.

Der Mensch dehnt sich immer weiter aus und zerstört den Lebensraum der Trampeltiere. Ziegen, die zur Gewinnung von Kaschmirwolle gezüchtet werden, und andere Nutztiere beschädigen den Boden. Regionen wie Minqin wachsen, aber der Grundwasserspiegel sinkt. Beim Abbau von Bodenschätzen, hauptsächlich von Kupfer, Kohle, Silber, Gold und Molybdän, gelangen Giftstoffe in die Umwelt. Die Wüste Gobi wird immer heißer und trockener, während die Zahl der Oasen schrumpft. Die Nahrung wird für alle Tiere knapp.

Aber es gibt Hoffnung. Die chinesische Regierung möchte in Zusammenarbeit mit der Wild Camel Protection Foundation, einer Stiftung zum Schutz von Wildkamelen, für den Schutz der Trampeltiere sorgen.

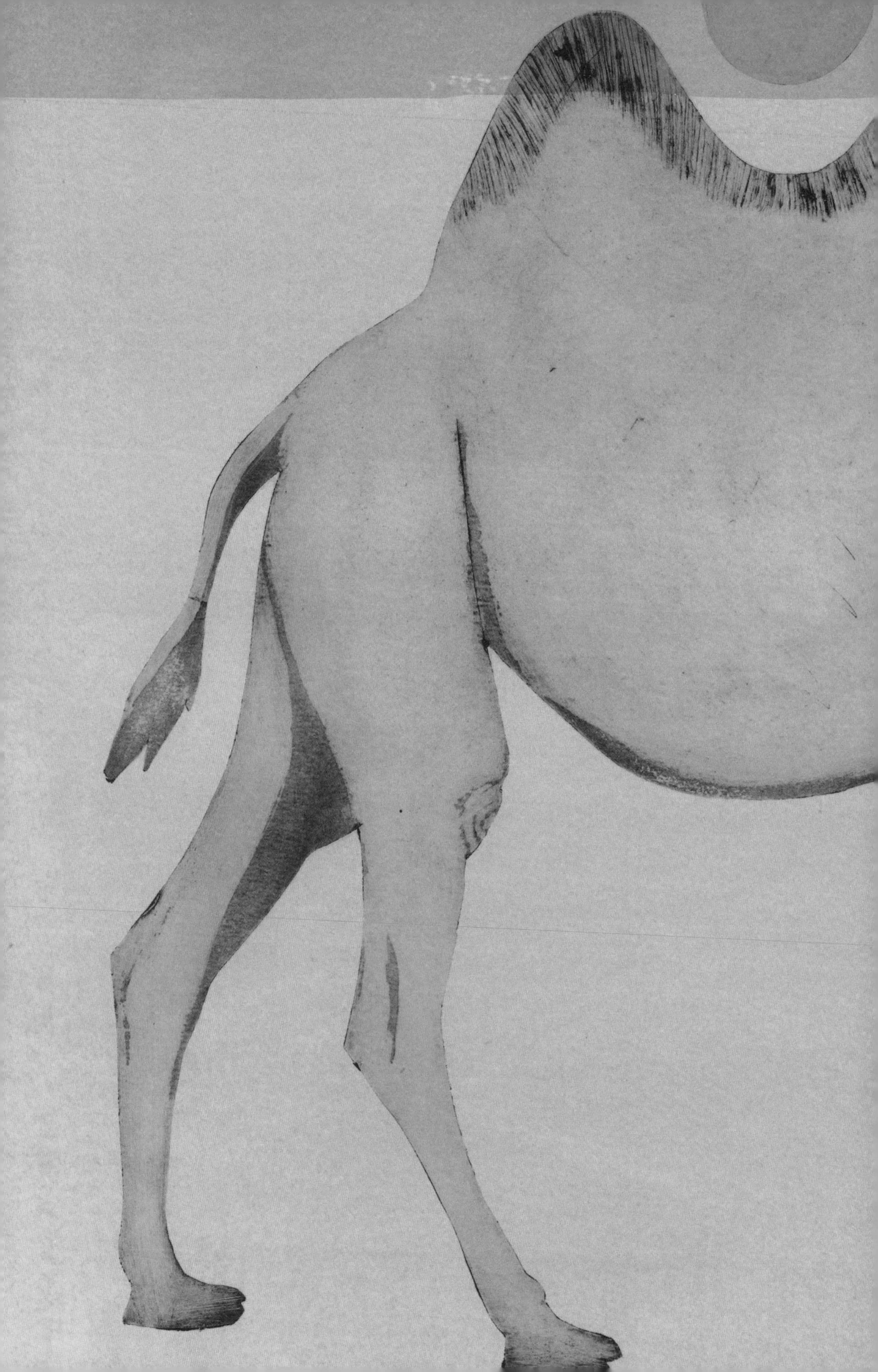

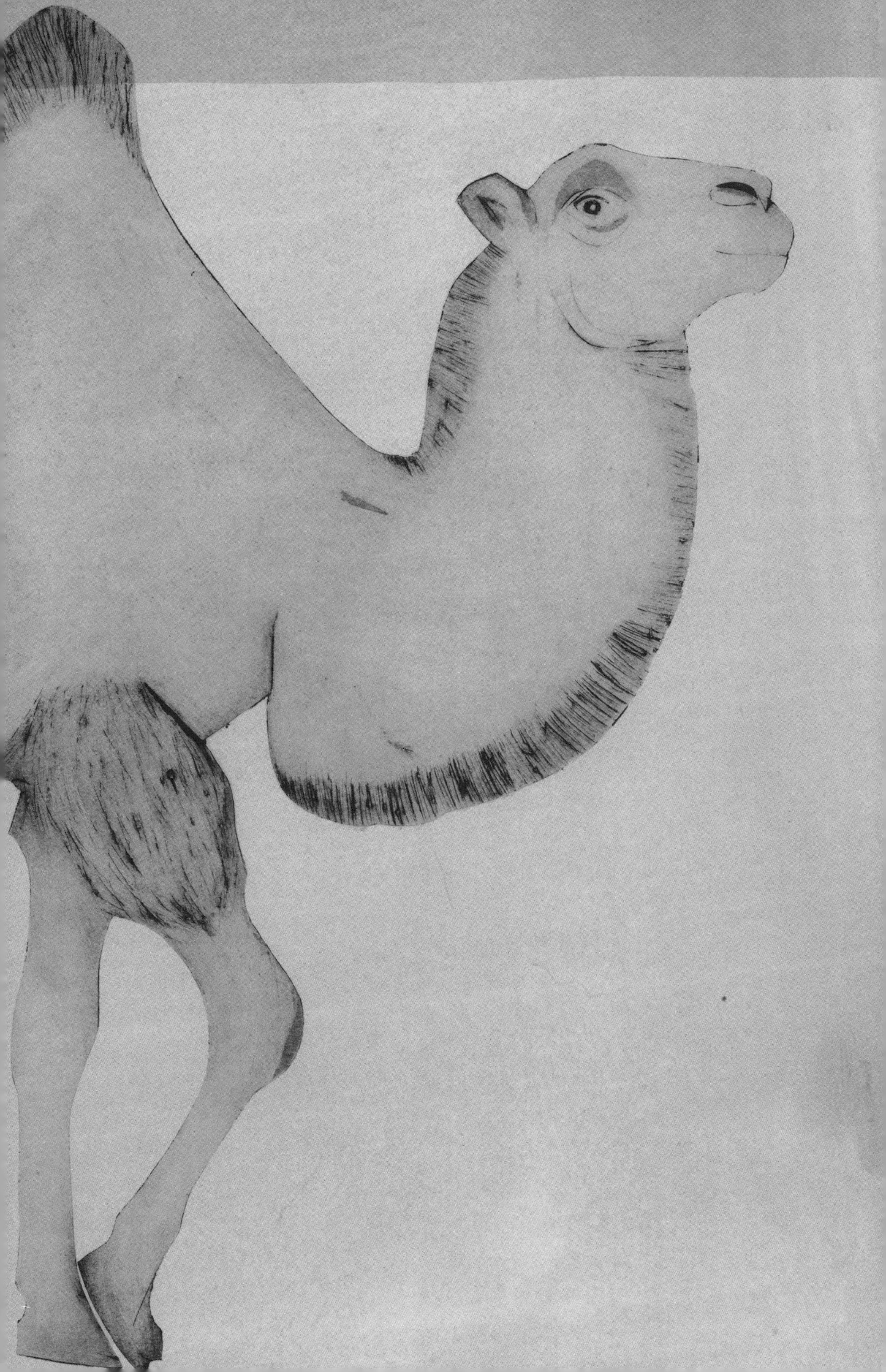

# HUNDESCHNAUZEN-SCHWEBFLIEGE

*Blera fallax*

Früh am Morgen geht die Sonne hinter einer kilometerhohen Felsklippe auf. Sie fällt auf das Gras und lässt die blassgrünen Halme erstrahlen. Hinter dem Schleier aus Licht verschwindet der Berg fast in seinem eigenen Schatten. Vor dieser dunklen Kulisse tanzen Tausende Insekten, wie glühende Funken, die von der aufsteigenden warmen Luft den Berghang hinaufgetragen werden. Es ist Frühling und gerade findet eine der größten unbemerkten Tierwanderungen statt: Schwebfliegen überqueren auf ihrem Weg nach Norden die Pyrenäen, um sich fortzupflanzen und Nektar zu trinken.

Zwei Monate später und über 1600 Kilometer entfernt schlüpft *Blera fallax* – eine andere Schwebfliegenart, die nicht wandert – aus ihren Puppen, die im Torfmoos am Stumpf einer alten Kiefer liegen. Dieser Baum steht in einem kleinen Waldstück in den schottischen Cairngorms. Seit 120 Jahren bietet er ein Zuhause für Eichhörnchen und seine frischen grünen Triebe sind Futter für Auerhühner. Sein Kernholz wurde allmählich vom Kiefern-Braunporling zersetzt, bis er schließlich in einer stürmischen Nacht umkippte. Im faulenden Stumpf sammelte sich Regenwasser, sodass eine nahrhafte Brühe entstand. Ein Jahr lang lebten hier die Larven der Hundeschnauzen-Schwebfliege, die mithilfe von schnorchelartigen Fortsätze aus dem Wasser heraus atmeten. Schließlich krochen sie heraus, webten im Moos ihre Kokons und warteten auf den Frühling.

Die erwachsene Fliege sitzt in der Sonne und dreht ihren Kopf um fast 180 Grad. Mit ihren Vorderbeinen reibt sie über ihre Facettenaugen und Fühler. Sie streckt die Hinterbeine durch, bevor sie sich mit wenigen Bewegungen in die Luft erhebt. Pro Sekunde machen Schwebfliegen 120 Flügelschläge und fliegen 3,5 Meter weit. Die schottische Stechmücke *Culicoides impunctatus* schafft sogar 1000 Schläge pro Sekunde.

Die Hundeschnauzen-Schwebfliege *Blera fallax* sucht nach den Blüten der wilden Himbeere und der Eberesche. In Großbritannien ist sie eine der gefährdetsten heimischen Insektenarten. Im Jahr 2018 war sie bereits seit fünf Jahren nicht mehr gesehen worden.

Um ihren Lebenszyklus zu vollenden, braucht die Schwebfliege die Waldkiefer *Pinus sylvestris*. Dieser Baum bildet zusammen mit der Eberesche und der Weißbirke die Reste des kaledonischen Urwalds, Heimat von Wölfen und Bären. Einst bedeckte er den Norden Großbritanniens. Die Kiefer war dort nach der letzten Eiszeit, als das Gebiet noch mit dem europäischen Festland verbunden war, einer der ersten Bäume.

Als die Römer nach Schottland kamen, war bereits die Hälfte des Waldes abgeholzt worden. Man vermutet, dass bereits um 1000 n. Chr. nur noch 20 % der ursprünglichen Waldfläche vorhanden war. Im Jahr 1503 erklärte das schottische Parlament die Wälder Schottlands als vollkommen zerstört. Zwei Gesetze wurden verabschiedet, um das Pflanzen von Bäumen zu fördern und das Abholzen zu beschränken. In den nächsten 200 Jahren konnten selbst weitere Schutzmaßnahmen die Entwaldung nicht aufhalten. Gegen Ende der Napoleonischen Kriege gab es kaum noch Altbestand, der gefällt werden konnte. Der lange Kreislauf, der die verrottenden Stümpfe für die Fliegen bildet, wurde durchbrochen. Auch der Kahlschlag der Wälder während der beiden Weltkriege trug dazu bei.

Für viele Schotten ist die Waldkiefer ein Symbol für die Mentalität ihres Landes – wie für die Engländer die Eiche, das Hauptquartier von Robin Hood. In Schottland werden Jungbäume eingezäunt, um sie vor Schafen und Hirschen zu schützen. Die Wiederansiedlung von Luchsen könnte die Hirschpopulation im Zaum halten, sodass mehr Lebensraum für das Auerhuhn entsteht. Im Rahmen dieser Renaturierung wird auch *Blera fallax* gezüchtet und freigelassen. Gleichzeitig lässt man Hochgeschwindigkeitszüge durch 300 Jahre alte Eichenbestände rasen, nur um zwanzig Minuten schneller ans Ziel zu kommen.

Auf der ganzen Welt spielen Schwebfliegen in der Landwirtschaft und in natürlichen Ökosystemen eine wichtige Rolle. Man vermutet, dass sie über die Hälfte aller Wildblumen und Nutzpflanzen bestäuben. Sie führen organisches Material in den Stoffkreislauf zurück und ihre Larven fressen Schädlinge und sind Futter für die Vögel. In einer neuen Studie reduzierten Larven den Blattlausbefall auf Paprikas um 93 % und steigerten den Fruchtertrag um 390 %. In Mischkulturen mit Blumen, die Schwebfliegen anlocken, werden Blattläuse von Salatpflanzen nahezu eliminiert.

Ein Drittel aller Insekten ist gefährdet und über 40 % werden weniger. Sie sterben achtmal schneller aus als Reptilien, Vögel oder Säugetiere. Man schätzt, dass der Bestand vieler wandernden Schwebfliegen in den letzten zehn Jahren stabil geblieben ist – im Gegensatz zu *Blera fallax*.

Jedes Jahr wandern bis zu vier Milliarden Schwebfliegen nach Großbritannien. Sie warten auf Rückenwind und steigen dann in die Luft, um den Ärmelkanal zu überqueren. Sie fliegen so hoch, dass Forscher sie nur mit einem speziellen Insektenradar beobachten und verfolgen können. Auf ihrer weiten Reise bestäuben die Fliegen Milliarden Pflanzen und tragen in ihrer Gesamtheit tonnenweise Nährstoffe, Stickstoff und Phosphor in sich. Wenn sie sterben, düngen sie damit den Boden.

# HAWAII-PALME

*Brighamia insignis*

Die Blüten mit den fünf blassgelben Blättern bilden einen starken Kontrast zum Blau des Himmels – und des Meeres, das sich über Hundert Meter unter ihnen erstreckt. Die Hawaii-Palme hat sich im Laufe der Evolution an das Leben auf Vulkanklippen angepasst: Sie wächst horizontal und speichert in ihrem dicken, braunen Stamm Wasser für Trockenzeiten.

Der Weg nach unten ist lang. Die Wellen, die an den Klippen brechen, sind so weit entfernt, dass man ihr Tosen nur gedämpft hört. Die weißen Vögel, die auf dem Wind segeln, sehen winzig klein aus. Und wer ist das? Am Fuß der steilen, bröckeligen Klippen klettert ein Mann ohne Sicherungsseil. Das ist Steve Perlman, der Mitte der 1970er-Jahre hier auf Molokai, einer der Inseln Hawaiis, eine Kolonie aus 200 Hawaii-Palmen entdeckte. Ein aufregender Fund, da die Palmen als ausgestorben galten. Aber jedes Mal, wenn Perlman auf die Insel zurückkehrte, war die Kolonie kleiner geworden. Er schloss daraus, dass der Bestäuber der Palmen, eine Schwärmerart, fast ausgestorben sein musste. Nun paddelt er jedes Jahr in einem Kanu zur Insel, klettert die Klippen hoch und bestäubt die Palmen von Hand. Oben auf den Felsen angelangt, schlüpft er in einen Klettergurt, bindet sich an einem starken Baum fest und seilt sich über die Klippen ab. Hundert Meter über dem Meer schwingt er sich von Palme zu Palme und pinselt sorgfältig Pollen auf ihre Staubbeutel. Ein paar Wochen später kommt er wieder, um Samen einzusammeln.

Trotz seiner heldenhaften Versuche ging die Zahl der Hawaii-Palmen weiter zurück, bis im Jahr 2014 nur noch ein wildwachsendes Exemplar existierte. Der Verlust des Schwärmers war nicht die einzige Ursache. Die Palmen wurden von einer eingeschleppten Art gefressen: Ziegen, die auch Erdrutsche verursachten und die Palmen entwurzelten oder umknickten. An ihrer Stelle wuchsen invasive Pflanzen. Auch der Klimawandel macht den Palmen zu schaffen. Die letzte Kolonie auf der südöstlichen Seite der Nachbarinsel Kauai wurde 1992 von Hurrikan Iniki vernichtet.

Mehr als die Hälfte der rund 1200 Pflanzenarten auf Hawaii ist gefährdet. Über Hundert Arten sind auf der Inselgruppe bereits ausgestorben. Im Rahmen eines Projekts zum Artenschutz werden die Samen seltener Pflanzen gesammelt und bestehende Kolonien gepflegt. Steve Perlman hat bereits das Verschwinden von zwanzig verschiedenen Arten miterlebt – die meisten davon in den letzten zwanzig Jahren.

# SCHWARZWEISSER VARI

*Varecia variegata*

Er liegt bäuchlings auf dem Ast und die gelben Augen lugen zwischen den Blättern hervor. Der Schwarzweiße Vari erhebt sich. Seine Arme sind kürzer als die Beine und wenn er auf allen Vieren läuft, liegt sein Kopf tiefer als der Rumpf mit dem langen Schwanz. Die Hände haben, wie die unseren, fünf Finger, einen opponierbaren Daumen, Nägel und gefurchte Handflächen mit ausgeprägten Lebenslinien. Sogar die Füße sehen menschlich aus. Der Vari hat ein dichtes Fell mit klar definierten »Ärmeln« an den Gliedern sowie einer weißen Halskrause. Er läuft Äste entlang, lässt sich kopfüber hängen, dreht sich um, ergreift einen anderen Ast und schwingt sich hoch. Seine Hände und Füße sind gleichermaßen geschickt. Das Kronendach der Bäume ist seine Welt.

Die Stockwerke der Bäume sind von verschiedenen Lemurenarten besetzt. Der Schwarzweiße Vari ernährt sich von Früchten. Die Samen, die er ausscheidet, keimen auf dem Waldboden, sodass Nachschub entsteht. Der Vari ist stark genug, um die Blüten des Baums der Reisenden zu öffnen. Dabei gelangen Pollen auf sein Fell, die er verbreitet. Er ist der weltweit größte Bestäuber. Der Vari und diese Baumart kommen nur auf Madagaskar vor.

In den Waldresten der Insel wird das Morgenkonzert von Lemuren gesungen. Gruppen einer Art, die Indri, singen ein klagendes Lied. Die älteren Tiere stimmen ein. Der Ruf der Schwarzweißen Varis besteht aus einer Vielfalt an lauten, krächzenden Schreien.

Ihre Gesellschaft ist ein Matriarchat. Bevor die Weibchen Junge bekommen, bauen sie Nester in den Bäumen. Varis sind die einzigen bekannten Primaten, die das tun. Sie wählen Nistplätze, die sich in der Nähe von Nahrung und den Nestern anderer Lemurenmütter befinden. Jungtiere, die in entlegeneren Nestern zur Welt kommen, haben eine geringere Überlebenschance. Alle paar Wochen zieht das Weibchen mit ihren Jungen in ein neues Nest, wo es wieder mehr Futterquellen gibt. Sie lebt in bis zu 40 Bäumen, die über ein großes Gebiet verteilt sind. Darum zerstört das Abholzen auch den Lebensraum der Schwarzweißen Varis. Seit Jahrzehnten wird an den Wäldern Madagaskars Raubbau betrieben, damit wir Möbel aus Ebenholz und Palisander haben können. Auch Bauholz wird geerntet und die Holzfäller jagen Varis, um sie zu essen. In den Nationalparks wird unerlaubt gerodet: Illegal exportiert wird vor allem Palisander.

Auch der Rohstoffabbau ist ein bedeutendes Problem. In einem Gebiet wurde die Abholzung verdreifacht, um Platz für Saphirminen zu schaffen. Aber die Madagassen würden nicht ihre Bäume ausreißen, wenn wir keine Edelsteine kaufen würden.

Wie die Holzfäller töten auch die Minenarbeiter die Lemuren wegen ihres Fleisches. Der Alaotra-Bambuslemur ist der einzige Primat, der in einem Feuchtgebiet lebt: im Schilf des Alaotra-Sees. Er wird als Nahrung und für den Tierhandel gejagt und mit Hunden und Feuer in die Enge getrieben. Sein Lebensraum wird in Reisfelder verwandelt. Seit Madagaskar von Menschen besiedelt wurde, sind schon 17 Lemurenarten ausgestorben.

---

Einer Sage zufolge lebten hier zwei Indri-Brüder. Einer verließ den Wald, um ein Mensch zu werden, der andere blieb ein Lemur. Man sagt, dass die Lemuren, die morgens singen, den Weg des Menschenbruders beklagen.

Jeden Tag steigt Rauch aus den brennenden Wäldern. Von oben betrachtet ähneln die gezackten Schneisen, die das Feuer hinterlässt, den herausgerissenen Seiten eines Buchs. Sie bilden die Grenze zwischen Leben und Tod. Ohne die Wurzeln der Bäume und Pflanzen kommt es zur Erosion des Bodens. Am Rand der verkohlten Waldflächen sieht man noch zwei dürre Bäume.

Die Bevölkerung Madagaskars wächst. Das Land gehört zu den ärmsten der Welt und ist geprägt von politischen Unruhen und Korruption. Die Abholzung der Wälder führt zu immer schlimmeren Dürren und Hungersnöten. Das entwaldete Land wird beackert, bis der Boden nicht mehr fruchtbar ist, dann wir ein weiteres Stück Wald abgebrannt. Der Lebensraum der Lemuren wurde bereits um 90 % zerstört. Es gibt immer weniger Nahrung und ganze Gruppen von Lemuren wurden voneinander getrennt und finden keine Partner mehr.

Der Schwarzweiße Vari und die anderen Lemuren kommen ausschließlich auf Madagaskar und der benachbarten Inselgruppe der Komoren vor. 98 % sind gefährdet, 31 % vom Aussterben bedroht (2020). Der Naturforscher Carl von Linné gab den Primaten ihren Namen: *Lemures*, das lateinische Wort für Seelen oder Geister.

# HOMO SAPIENS

Die Hände winken uns aus vergangenen Jahrtausenden zu. Sie greifen nach oben ins Licht, wie eine Horde von Menschen, deren Gesichter im Schatten verborgen sind. Die meisten der Negative stammen von Frauen. Sie drückten ihre Hände gegen die Felswand der Höhle und besprühten sie mit Farbpigmenten, sodass ihre Umrisse in Schwarz, Rot und Ocker sichtbar wurden.

Die ältesten Handnegative wurden rund 58.000 Jahre zuvor von Neandertalern in Spanien hinterlassen. Man kann nur schätzen, wie viele *Homo sapiens* es damals gab, aber es waren nicht viele. Vielleicht knapp vier Millionen um 10.000 v. Chr.

Anfang 2021 betrug die Weltbevölkerung 7,8 Milliarden Menschen. Jeden Tag steigt die Zahl um eine Viertelmillion. Im 18. Jahrhundert postulierte der Ökonom Thomas Robert Malthus, dass der Bestand aller Arten durch Krankheiten und die Menge der verfügbaren Nahrung reguliert werde. Eine Zeit lang umgingen wir diese natürliche Bevölkerungskontrolle auf Kosten anderer Arten, in deren Lebensräume wir eindrangen und deren Bestand wir dezimierten oder gar eliminierten. Mit jedem Tag, der vergeht, sehen wir aber immer deutlicher, dass wir uns zwangsläufig selbst Schaden zufügen, wenn wir der Natur Schaden zufügen.

Könnte man die Existenz der Erde auf einen Tag komprimieren, würde die Ära des *Homo sapiens* nur drei Sekunden lang dauern.

Seit Beginn der Zivilisation hat der Mensch die Hälfte aller Pflanzen und 83 % der wild lebenden Säugetiere ausgerottet. Es gibt mittlerweile bedeutend mehr Schweine und Rinder in Nutztierhaltung, als es Säugetiere in freier Natur gibt. Auf der Erde leben nun mehr Hühner als Wildvögel und da wir Unmengen von ihnen verzehren, werden ihre Knochen in der Zukunft das prägende fossile Überbleibsel unserer Zeit sein – neben Plastik und Atommüll.

Indem wir den Planeten vergiften, vergiften wir auch uns selbst. In unserem Körper kann man 50 Chemikalien nachweisen, die vor nur 60 Jahren noch nicht darin auftauchten. Die Luftverschmutzung wird schon bald eine der häufigsten Todesursachen sein. Wir haben die chemische Zusammensetzung der Atmosphäre und der Ozeane verändert. In der Plazenta von ungeborenen Babys wurde Mikroplastik gefunden. Der materielle Überfluss steigt, aber unsere Lebensqualität in vielen anderen Bereichen sinkt. Drei Viertel der Kinder in Großbritannien verbringt weniger Zeit im Freien als ein Gefängnisinsasse.

Wir wissen mittlerweile, dass viele unserer vermeintlich typischen Eigenschaften und Fähigkeiten nicht nur dem Menschen vorbehalten sind. Auch andere Tiere verwenden Werkzeuge, geben ihre Kultur weiter, sind selbstlos, arbeiten im Team zusammen, singen einander in einer komplexen Sprache vor, teilen, spielen, lieben und trauern. Wenn wir jeder Art den Lebensraum gewähren, der ihr zusteht, kann und wird sich die Erde erholen. Die Flucht auf einen anderen Planeten ist keine Lösung. Im 18. Jahrhundert nannte man unsere Spezies *Homo sapiens*, »weiser Mann«. Jetzt wäre die beste Gelegenheit, diesem Namen gerecht zu werden.

*Gefährdete Arten, die durch den Handel mit Wildtieren, Bejagung oder die Zerstörung ihres Lebensraums bedroht werden.*

# SOKOTRISCHER DRACHENBAUM

*Dracaena cinnabari*

Einst, als die Welt noch so jung war, dass alle Menschen Brüder waren, umkreisten sich zwei von ihnen im Kampf. Ein Bruder hieß Darsa und der andere Samha. Sie bewegten sich zaghaft, denn es war ihr erster Streit – der erste Konflikt, der erste Mord, und sie lernten erst. Noch bevor die Sonne unterging, lag ein Bruder auf dem Boden und sein Blut trocknete im heißen Sand.

Als das Blut in den Sand und zwischen die Steine gesickert war, keimte daraus ein blassgrauer Sämling mit einem einzelnen Blatt. Er wuchs heran und Monate später war sein weicher grauer Stamm fast so dick und lang wie ein Elefantenbein. An seinem oberen Ende trug er ein dichtes Büschel aus spitzen Blättern. Die Zeit verging und es wuchsen noch zwei Äste. Von Sonne und Wasser versorgt bildete jeder Ast, immer wenn er sein Laub verlor, noch zwei weitere aus. Im Februar erschienen hellgrüne Blüten, die sich zu harten Beeren von der Farbe getrockneten Blutes entwickelten. Die Vögel aßen sie und schieden die Samen wieder aus, sodass auf der felsigen Hochebene und den Bergen der Insel einer der ersten Wälder der Welt entstand.

Ritzt man die Rinde des Drachenblutbaums an, fließt hellrotes Harz. Die Nachfahren von Darsa und Samha nennen den Baum darum *Dam al-akhawain*, »das Blut der zwei Brüder«. Das antibakterielle Harz wird zur Heilung von Wunden eingesetzt. *Dracaena cinnabari* wächst nur auf Sokotra, einer Insel im Indischen Ozean, 200 Kilometer vom Horn von Afrika und 330 Kilometer von der Arabischen Halbinsel entfernt. Bis vor Kurzem war die abgeschiedene Insel Heimat vieler endemischer Arten. Die steinige, karge, heiße, trockene Landschaft wird auf den höheren Lagen zweimal im Jahr vom Monsun in Nebel und Nieselregen gehüllt. Im Laufe von Jahrmillionen hat sich der Sokotrische Drachenbaum angepasst, um die leichte Feuchtigkeit aufzunehmen, die ihm der Westmonsun beschert.

In Gebieten, wo der Regen senkrecht fällt, bilden die eng stehenden Äste die Form eines Regenschirms. Die langen, schwertförmigen Blätter fangen die Nässe auf und lenken sie zu den Wurzeln des Baums. In Bereichen, in denen sich meist nur Nebel bildet, wachsen die Äste viel steiler in die Höhe, sodass der Baum tiefer in den Nebel eintauchen kann. Auf den dichten Blätterrosetten kondensiert die Feuchtigkeit auch leichter.

Drachenbäume werden als Rohstoff, Brennholz und für den Bau von Bienenstöcken genutzt. Einige der Bäume regenerieren sich nicht mehr und wurden von Taifunen entwurzelt. In Zeiten der Dürre dienen ihre Blätter und Früchte als Viehfutter, aber größere Mengen davon machen die Tiere krank. Werden zu viele Blätter abgeschnitten, stirbt der Baum ab. Im Keimlingsstadium werden die Bäume oft von grasenden Ziegen gefressen. Man vermutet, dass die Insel allmählich austrocknet. Der Monsun, von dem das Leben des Baums und die Fruchtbarkeit seiner Samen abhängt, wird von Jahr zu Jahr schwächer. Die Nebel und Nieselregen treten nur noch sporadisch auf und spenden nicht mehr wie früher zweimal im Jahr einen ganzen Monat lang Feuchtigkeit. Auf den Hochebenen im Haghir-Gebirge, wo es Niederschläge gibt und kaum Ziegen weiden, können sich die Bäume noch regenerieren. Im Schatten der Bäume gedeihen Tiere und Pflanzen, aber das gesamte Ausmaß dieses Ökosystems ist noch nicht erforscht.

Der Streit zwischen Darsa und Samha hat immer noch Relevanz. Sokotra gehört zum Jemen, wo im Jahr 2015 ein Bürgerkrieg ausbrach – eine neue Gefahr für den Baum, der nach dem ersten Konflikt benannt ist, und für seinen außergewöhnlichen Lebensraum.

# GRAUPAPAGEI

*Psittacus erithacus*

Vom Westen Kenias bis zum Osten der Elfenbeinküste ziehen laute Schwärme von Graupapageien eilig flatternd über das Kronendach der Bäume hinweg. Sie wirken noch schneller, wenn sie pfeilgerade an den senkrechten Bäumen vorbeizischen. Mit ihren roten Schwanzfedern sehen sie aus wie ein Meteorschauer. Sie tun, wozu sie geboren wurden, und wirken dabei zielstrebig und voller Lebensfreude.

Ihren Schnabel nutzen sie zum Klettern, so wie wir einen Eispickel verwenden würden. Die Stirn ist von kleinen, schuppenförmigen Federn bedeckt. Jede Feder ist hell umsäumt und setzt sich optisch von den anderen ab. Der Körper und die Flügel haben ein graues Gefieder, das im blutroten Schwanz mündet. Sein Blick wirkt launig und intelligent. Graupapageien sind gesellige Vögel, die in Schwärmen von über Hundert Tieren fressen, fliegen und ruhen. Zur Futtersuche bilden sie kleinere Gruppen und die Papageien helfen selbstlos ihren Artgenossen. Beim Fressen stehen sie auf einem Bein und führen mit den Krallen des anderen die Nahrung an den Schnabel. Ihre Partner wählen sie mit Bedacht, denn sie bleiben ein Leben lang zusammen. Sie nisten in hohen Bäumen, manchmal bis zu 30 Meter über dem Waldboden. Jedes Paar braucht seinen eigenen Baum. Die Abholzung der Wälder nimmt ihnen diese Möglichkeit.

Seit Jahrhunderten sind Graupapageien aufgrund ihrer Fähigkeit, unsere Sprache zu imitieren, sehr gefragt. Coco, der Papagei von Königin Victoria, konnte »God Save The Queen« singen. Doch die Graupapageien ahmen uns nicht nur nach: Sie können über Hundert Wörter verstehen und begreifen das Konzept hinter der Zahl Null. Unsere Sprache klingt aus dem Mund eines Papageis wie ein Echo aus einer anderen Welt.

Aber gerade weil wir diese begabten Vögel gern als Haustiere halten, gefährden wir ihre Art in freier Wildbahn. In Ghana gibt es kaum noch Graupapageien, da sie exportiert wurden und ihr Lebensraum zerstört wird. Sie werden auch als Nahrung gejagt. Ihre Beine und Köpfe werden für magische Rituale und in der traditionellen Medizin verwendet. Die Graupapageien gehören zu den meistgehandelten Vögeln. Jedes Jahr werden unzählige Tiere mit Netzen oder Klebefallen gefangen und in Käfige gestopft. Fast 60 % sterben beim Transport.

# ÄTHIOPISCHER WOLF

*Canis simensis*

Die Landschaft glitzert unter der grellen Sonne. Die Hochebene mündet am Horizont in einer rostbraunen Felsformation. Hier und da sieht man kleine, dunkle Tümpel. Auf dem Boden wachsen überall schienbeinhohe, buschartige Pflanzen mit weißen Blüten. Ihre Blätter sind so blass wie der Frühnebel, der oft die Ebene bedeckt, oder die grauen Flechten, die fast überall wachsen, wo keine Büsche sind. Es ist kalt und es weht ein schneidender Wind – hier auf dem Sanetti-Plateau in Äthiopien, gut 3000 Meter über dem Meeresspiegel.

Aus dem grau-weißen Pflanzenmeer ragen die dunklen Blätter der Riesen-Lobelien. Sie sind hoch genug, um als Bäume durchzugehen, haben aber keine Äste und wirken im Gegenlicht wie fremdartige, stattliche Geschöpfe. Genau wie der Wolf, der in ihrem Schatten sitzt, haben sie eine ungewisse Zukunft.

Im Gebirge ist der Klimawandel noch deutlicher zu spüren. Die meisten Pflanzen und Säugetiere würden bei steigenden Temperaturen weiter in Richtung Pole wandern, wenn sie die Möglichkeit hätten, aber die Riesen-Lobelie ist auf ihrem Plateau gefangen. Sie kann sich nur weiter den Berg hinauf bewegen, was ihren Lebensraum aber noch kleiner macht.

Die Wölfin wartet geduldig. Sie hat ein schlaues Gesicht mit wachen Augen und spitzen Ohren. Am Hals und auf der Brust leuchten drei weiße Flecken. Mit ihren langen Beinen und dem buschigen Schwanz wirkt sie elegant. Ihr Fell ist rotbraun wie das eines Fuchses. Ihre Hauptbeute ist die Riesenmaulwurfsratte, aber wenn sie keine findet, tun es auch Nilratten, die zwar kleiner, dafür aber in reichlicher Zahl vorhanden sind.

Die Maulwurfsratte verbringt ihr ganzes Leben damit, den Wölfen aus dem Weg zu gehen, wie es schon ihre Vorfahren taten. Ihre Augen befinden oben sich auf dem Kopf und sitzen etwas erhöht, damit sie aus ihrem Bau spähen kann und dabei möglichst wenig von sich zeigt. Sie verbringt nie länger als zwanzig nervöse Minuten am Stück über der Erde. Sobald sie die Pflanzen in der Nähe ihres Baus gefressen hat, zieht sie sich wieder zurück und füllt den Gang auf. Diese Methode scheint zu funktionieren, da auf jedem Hektar der Hochebene wahrscheinlich zwischen 20 und 48 Maulwurfsratten leben.

Die Wölfin schaut sich um. Sie starrt dorthin, wo sie ein Scharren vernimmt und wartet. Langsam erhebt sie sich und geht mit vorsichtigen Schritten auf das Geräusch zu, geduckt, um nicht entdeckt zu werden. Sprungbereit. Sie legt den Kopf schief und wartet. Plötzlich macht sie einen großen Satz auf den Bau zu und schiebt ihre Schnauze in den Gang, kaum dass sie wieder auf der Erde landet. Sekunden später zieht sie mit den Zähnen eine Maulwurfsratte aus dem Loch.

Nun sucht sie sich ihren Weg zwischen den Felsen und kehrt zum eigenen Bau zurück, um ihre vier Monate alten Jungen zu füttern. Die Welpen spielen gerade, aber sobald sie ihre Mutter sehen, stürzen sie sich fiepend und drängelnd auf sie, wild auf das Futter. In zwei Monaten werden sie sich selbst durchschlagen müssen. Bis dahin werden sie aber noch von der Familie versorgt. Die erwachsenen Tiere gehen allein auf Beutefang, aber patrouillieren ihr Revier im Rudel.

Der Äthiopische Wolf ist einer der am stärksten gefährdeten Wildhunde. Er wird auch vom Menschen gejagt, aber die größte Bedrohung sind Hunde, die von Tollwut oder Staupe befallen sind, und die sinkende Zahl von Beutetieren, deren Lebensraum schrumpft.

Der Nationalpark Bale Mountains, der einen Teil des Sanetti-Plateaus umfasst, wurde 1969 eingerichtet, aber die Bevölkerung Äthiopiens wächst so schnell, dass der Park allmählich besiedelt wird. In nur zehn Jahren wurden riesige Felder für den Anbau von Gerste angelegt. Die Maulwurfsratte wurde dort vertrieben.

Im Rahmen eines staatlich geförderten Schutzprogramms werden Hunde und Wölfe gegen Tollwut geimpft. Der Park muss jedoch stärker vor dem Eindringen des Menschen geschützt werden, wenn die Artenvielfalt dort erhalten bleiben soll. Denn nicht nur der Äthiopische Wolf ist betroffen: Im Gebiet leben auch seltene schwarzmähnige Löwen und einige endemische Tiere, unter anderem die Bale-Grünmeerkatze, die Bale-Spitzmaus und der Äthiopien-Kurzkopffrosch.

# AMUR-FALKE

*Falco amurensis*

Hunderte Kilometer weit verläuft der Fluss Amur entlang der Grenze zwischen Russland und China. Er fließt durch ein ausgedehntes Waldgebiet und ist der Namensgeber für den anmutigen Falken, klein wie eine Taube, der hier zwischen Mai und Juni nistet und brütet.

Seine Beine und Zehen haben dieselbe orange Farbe wie die Wachshaut über dem Schnabel und seine Augenringe. Von unten betrachtet erinnert das weiße Muster auf dem dunklen Gefieder an die Vogelzeichnung auf einem Kinderdrachen. Die Oberseite ist hellgrau, seine Brust weißlich mit etwas Beige. Das Weibchen zeigt auf den ausgebreiteten Flügeln ein Wellenmuster mit hellen Flecken, das sich an der Unterseite und am Schwanz fortsetzt. Die verschwommenen Formen auf ihrer blassen Brust sehen aus wie ein Schwarm Vögel. Die feinen Federn über ihren Beinen sind aprikosenfarben.

Die Amurfalken brüten in den verlassenen Nestern von Greifvögeln, Krähen und Elstern. Das Weibchen wärmt die Eier, während das Männchen Insekten, kleine Säugetiere und Amphibien jagt. Am Ende des Sommers machen sich die Falken auf eine 11.000 Kilometer lange Reise, um in Südafrika zu überwintern.

Ihre Wanderung von 22.000 Kilometern im Jahr ist die längste aller Raubvögel. Auf ihrem Weg über das Meer ernähren sie sich vermutlich von Wanderlibellen, die auf der gleichen Route unterwegs sind und die längste Wanderung aller Insekten durchführen. Man weiß nicht, wie der Amurfalke ursprünglich herausfand, dass der warme Süden und diese Insektenschwärme existierten. Und wie es dazu kam, dass er dafür sein Brutgebiet verließ, um über China, Indien und den Indischen Ozean in dieses Winterquartier zu fliegen.

Auf seinem Weg über die Grenze zwischen Myanmar und Nordindien passiert der Amurfalke das Gebiet der Nagavölker, die bis vor Kurzem traditionelle Jäger waren und im Einklang mit der Natur lebten. Aber auch sie gingen mit der Zeit. Früher wurde aus Eigenbedarf gejagt, heute aus kommerziellen Gründen. Die Nachfrage nach Pflanzen und Tieren für die traditionelle chinesische Medizin steigt. Das Schuppentier ist aus den Wäldern der Naga schon fast verschwunden.

Im Jahr 2000 wurde der Damm am Fluss Doyang fertiggestellt und sein Stausee lockt nun fliegende Termiten an. Die Amurfalken erscheinen rechtzeitig zum Auftauchen der Insekten und lassen sich in den umliegenden Bäumen nieder. Über dem Wasser entsteht ein wildes Geflatter und Gemenge aus Tausenden kreischenden Falken, die sich im Sturzflug über die Termitenschwärme hermachen.

Anfangs hatten die Naga die Falken abgeschossen, aber sie fanden heraus, dass sie mit ihren Fischnetzen viel mehr fangen können – bis zu 12.000 Vögel pro Tag. Die Flügel der Tiere wurden dabei gebrochen oder ausgerenkt. Dann wurden die Falken in Säcke gestopft und ins Dorf gebracht. Öfter noch wurden sie bündelweise an Stöcke geknüpft und so getragen. Sie wurden gehäutet und auf Spießen gegrillt oder geräuchert.

Im Jahr 2012 bekam ein Team aus Naturschützern unter der Leitung der Naga-Journalistin Bano Haralu von der Sache Wind. Ihr Bericht über die Falkenjagd schockierte Umweltaktivisten. Im folgenden Jahr wurde im Gebiet des Doyang-Stausees nicht ein einziger Falke entwendet. Man hatte die Dorfälteren unterstützt und die Bejagung der Vögel unter Strafe gestellt.

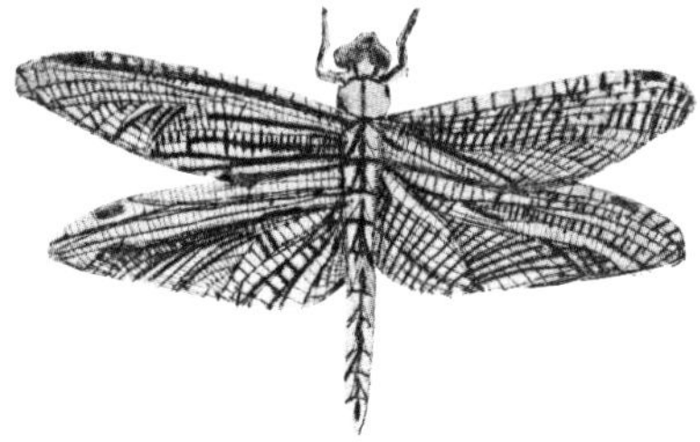

Nagaland ist eine der ärmsten, am wenigsten entwickelten Regionen Indiens und hat die höchste Arbeitslosenquote aller indischen Bundesstaaten. Der Ertrag aus der Jagd, besonders der Amurfalken, war ein unverhoffter Glücksfall für die Naga. Aber ein Jahr später waren sie offizielle Artenschützer. Im Jahr 2020 hatten bereits viele Naga-Gruppen Naturschutzgebiete eingerichtet und die Dorfbewohner stellten ihr Land bereitwillig dem Umweltprojekt zur Verfügung. Im Mittelmeer werden jedes Jahr unzählige Zugvögel mit Netzen gefangen oder abgeschossen.

# MADAGASSISCHE SCHNABELBRUST-SCHILDKRÖTE

*Astrochelys yniphora*

Die Madagassische Schnabelbrustschildkröte ist nicht nur außerordentlich schön, sondern leider auch äußerst selten. Der schnabelförmige Fortsatz an ihrem Bauchpanzer, der ihren Hals schützt und mit dessen Hilfe sie sich über andere Schildkröten hievt, erinnert an den Bug einer römischen Galeere. Aus wimpernlosen Augen blickt sie gutmütig, aber neugierig. Der faltige Hals und die beschuppte Haut lassen sie alt wirken. Auf dem gewölbten Rückenpanzer, den geometrische Schilde zieren, wechseln sich dunkle Wachstumslinien mit gelblichen Streifen ab: unregelmäßige Sechsecke an der Oberseite, unregelmäßige Fünfecke an den Seiten, und am unteren Rand Dreiecke, die wie Wimpel aussehen.

Bis die Schnabelbrustschildkröte geschlechtsreif ist, dauert es 15 Jahre. Sie kann 100 Jahre alt werden. Seit Jahrmillionen lebt sie friedlich in den abgeschiedenen Trockenwäldern Madagaskars und frisst dort Büsche, Gras, Bambuslaub und den Kot ihrer Feinde, der Buschschweine. Bis vor Kurzem waren die größten Bedrohungen für die Schildkröten die Buschschweine, die ihre Eier und Jungen fraßen; Raubvögel; Farmer, die ihnen den Lebensraum stahlen; und Waldbrände. Heute gibt es noch eine größere Gefahr, die viel schwerer zu bekämpfen ist: den illegalen Tierhandel. Aufgrund ihres attraktiven Panzers sind die Schildkröten vor allem in Asien bei Sammlern und Haustierbesitzern heiß begehrt. Mit zunehmender Seltenheit steigt auch ihre Beliebtheit, woraus ein Teufelskreis entsteht.

Die friedliche Schnabelbrustschildkröte bangt um ihr Leben. Ihre Jungen werden in Frischhaltefolie gewickelt, bevor sie in Koffern um die ganze Welt geschmuggelt werden. Sie sind leichte Ziele: sanft, langsam und klein genug, um in eine Hand zu passen. Aktuell gibt es nur noch 200 wildlebende Schnabelbrustschildkröten. Das Durrell-Zentrum in Ankarafantsika im Nordwesten Madagaskars, in dem ein Nachzuchtprogramm stattfindet, musste mit Stacheldraht umzäunt und von bewaffnetem Schutzpersonal bewacht werden. Freigelassene Schildkröten werden gestohlen. Die Tierschützer fürchten, dass der Nationalpark für den Rohstoffabbau freigegeben wird, sobald es dort keine Schildkröten mehr gibt.

Die Schönheit dieser sanftmütigen Tiere rechtfertigt nicht unseren Raub an ihrer Art. Man schätzt, dass sie in zehn bis 15 Jahren ausgestorben sein wird.

# ZIMTKOPFLIEST

*Todiramphus cinnamominus*

Der Zimtkopfliest ist ein Eisvogel. Er ist kein Tier, das in einen Käfig gehört. Pfeilschnell, wie ein blauer Blitz, flitzt er vorbei und streift Blätter, Bäume und die glänzende Wasseroberfläche.

So stellen wir uns Eisvögel vor, nicht so wie diesen hier. Dieser wirkt ängstlich. Sein Atem geht schnell. Er krallt sich an seine abgenutzte Stange, die im Maschendrahtzaun seines Geheges steckt. Seine Brust ist kupferrot, wie auch die Federn über seinen Augen, die verhältnismäßig groß sind und mit dem kräftigen Schnabel und dem schwarzen Nackenband eine Linie bilden. Die Flügel sind blau, fast meergrün. Der Schnabel ist dick und fast so lang wie seine Schwanzfedern.

Der Zimtkopfliest ist einer der seltensten Vögel der Welt. Während ich das schreibe, gibt es nur noch 150 Exemplare, alle davon in Gefangenschaft. Früher lebten sie am Wasser, aber auch in Wäldern, Mangroven und Kokoshainen auf der Insel Guam im Westpazifik.

Man schützt ihn vor der Braunen Nachtbaumnatter, die vor über 50 Jahren nach Guam eingeschleppt wurde, vermutlich durch ein Frachtschiff oder einen Militärtransport. Seitdem vermehrt sich die Schlange ungehemmt. Auf der Insel hat sie keine natürlichen Feinde und seit ihrer Ankunft hat sie schon mehrere heimische Vogelarten ausgelöscht, davon drei, die es nur auf Guam gab.

Im Jahr 1986 wurden die letzten Zimtkopflieste in schützende Obhut genommen und auf mehrere Einrichtungen in Nordamerika aufgeteilt. Dort versuchen die Forscher und Pfleger mit Geduld und Hingabe, den Bestand zu vergrößern, aber in Gefangenschaft gelingt die Paarung nicht immer. Man hofft, dass die Vögel in den Wäldern benachbarter Inseln, auf denen es keine Schlangen gibt, angesiedelt werden können.

In freier Natur nistete der Zimtkopfliest in Bäumen. Mit seinem Schnabel pickte er Höhlen in morsches Holz, aber nicht wie ein Specht, der sich an der Rinde festhält, um mehr Kraft aufwenden zu können, sondern im Flug, wo nur die Luft ihn trägt. Die Nisthöhlen boten ausreichend Schutz, bevor die Schlangen auftauchten. Die übliche Taktik der Vögel, im Angesicht einer Gefahr zu erstarren, erwies sich hier als fatal.

Auf Guam kommen auf jeden Quadratkilometer geschätzte 800.000 Braune Nachtbaumnattern, selbst nachdem Millionen Dollar in Beseitigungsprogramme gesteckt wurden. Seit die Schlangen fast alle Vögel verschlungen haben, wächst die Insektenpopulation. Auf Guam gibt es nun 40 % mehr Spinnen als auf den schlangenfreien Nachbarinseln.

Die meisten Bäume auf Guam sind auf die Verbreitung ihrer Samen durch Vögel angewiesen. Die Zahl der Keimlinge zweier verbreiteter Arten ist bereits um 92 % gesunken. Das Kronendach des Waldes wird licht.

Hunderte Millionen Dollar, die in das Rettungsprogramm für den Zimtkopfliest gesteckt wurden, konnten den angerichteten Schaden nicht wiedergutmachen.

Hoffnung gibt uns die Geschichte der Guamralle, eines endemischen Vogels der Insel, der fast ausgestorben war und dessen Bestand erfolgreich wieder vermehrt wurde.

# JAVA-
# NASHORN

*Rhinoceros sondaicus*

Das Licht hat einen grünlichen Schein. Vielleicht fällt es durch ein Blätterdach oder der Film ist alt. Das Bild ist verschwommen, als wäre die Linse verschmiert. In der Mitte sieht man eine Form, von der sich ein Teil löst. Plötzlich erkennt man ein kleines und ein großes Nashorn, ein Kalb und seine Mutter. Sie stehen bis zur Brust in einem grau-grünen, schlammigen Wasserloch, unter einem grau-grünen Netz aus Ästen und spitzen Blättern. Wo das grelle Licht durch das Blätterdach auf sie fällt, glänzt ihre Haut. Das Kalb stakst durch den Matsch und reibt seinen Hals am Bauch der Mutter.

Die Mutter steht still, nur ihr kurzer Schwanz peitscht von Zeit zu Zeit auf das Wasser. Sie wirkt zufrieden. Der schlammige Tümpel ist kühl. Beruhigend. So verbringt sie den Großteil ihrer Zeit. Mit ihrer spitzen, hängenden Oberlippe, dem langen Kopf und den dicken Hautfalten am Hals könnte sie fast ein Dinosaurier sein. Sie schnappt nach einem Ast, der über ihr hängt. Feigen mag sie sehr gern. Ihre Haut sieht aus wie ein Mosaik, das auf ihrem Körper aus unterschiedlichen Teilen zusammengesetzt wurde. Auf ihrem Kopf sitzen zwei ovale, behaarte Ohren. Die ihres Kalbes sind nicht ganz so spitz und erinnern an Ferkel aus dem Buch *Pu der Bär*, mit den Illustrationen von E. H. Shepard. Ihre kleinen, schwarzen Augen sind in kreisförmige Lider eingebettet und liegen seitlich am Kopf. Sie sieht nicht so gut, aber wie alle Nashörner hat sie einen scharfen Geruchssinn.

Die Kälber bleiben bis zu zwei Jahre lang bei ihren Müttern. Die Männchen pfeifen, um Weibchen anzulocken. Das dominanteste Männchen pfeift am lautesten. Das Java-Nashorn ist so stark gefährdet, dass es kaum erforscht wird, aus Angst, es zu stören. Man vermutet, dass es in freier Wildbahn bis zu 40 Jahre alt wird. Das Horn des Männchens ist 25 Zentimeter lang, kürzer als die Hörner seiner afrikanischen Verwandten. Das Nashorn nutzt es, um Pflanzen auszugraben und Schlammlöcher zu vergrößern. Es ist scheu – es hat kein starkes Territorialverhalten, ist nicht sehr gesellig und auch nicht so streitlustig wie das afrikanische Spitzmaulnashorn.

Das Verbreitungsgebiet des Java-Nashorns reichte einst von Ostindien über Burma, Laos, Thailand, Vietnam und die Malaiische Halbinsel bis nach Sumatra. Als die Bevölkerungszahl Asiens wuchs, wurde sein Habitat zum Anbau von Ölpalmen genutzt. Heute sind zwei der drei Unterarten des Java-Nashorns ausgestorben.

In Vietnam erschoss ein Wilderer das letzte Java-Nashorn. Sein kleines Horn wurde abgeschnitten. Die nachfolgenden Untersuchungen ergaben, dass das Tier erst Wochen später an den Folgen seiner Wunden verendet war. Die illegale Jagd, um die Nachfrage nach Hörnern zu befriedigen, ist der Hauptgrund, warum die Java-Nashörner so gut wie ausgerottet sind.

Nur 75 Tiere leben noch, alle im Schutzgebiet des Nationalparks Ujung Kulon. Das Java-Nashorn ist nach dem Nördlichen Breitmaulnashorn der seltenste Großsäuger der Welt. Dem Einsatz der engagierten Aufseher ist es zu verdanken, dass in den letzten 20 Jahren kein Java-Nashorn gewildert wurde. Aber Tsunamis und die Vulkane des Krakatau-Archipels sind eine Gefahr für den Park, und für die Nashörner sind es durch Nutztiere übertragene Krankheiten. Ohne weitere Reservate wird es dem Java-Nashorn ergehen wie dem Java-Tiger, der auch im Parks lebte und heute ausgestorben ist.

Seit 1900 geht der Bestand aller Nashornarten drastisch zurück. Die verbleibenden Tiere leben in Schutzgebieten. Aus den Hörnern werden Schmuck und Heilmittel hergestellt. Sie sind teurer als Gold, obwohl sie nur aus Keratin bestehen, wie auch unsere Fingernägel. Gemahlenes Horn wird sogar als Katermittel verwendet.

Die letzten beiden Nördlichen Breitmaulnashörner, eine Mutter und ihre Tochter, werden rund um die Uhr von bewaffneten Aufsehern bewacht.

# WILDBIENEN

In der wohlriechenden Dunkelheit sucht die Königin Brutzellen aus. Durch das südliche Loch, das vor einigen Frühlingen ein Specht gepickt hatte, scheint die Sonne und taucht die Honigwaben in ein goldenes Licht. Sie hört sie nicht, aber sie spürt die Vibrationen von Tausenden kleinen Flügeln, die bis zu 250 Schläge in der Sekunde machen. Hunderte Wildbienen kehren von der Futtersuche zum Eingang des Stocks zurück. Die Bienen im Inneren fächeln mit ihren Flügeln, um Feuchtigkeit im gesammelten Nektar zu verdunsten.

Die Königin inspiziert eine sechseckige Zelle und betastet sie mit ihren Fühlern. Vor Millionen Jahren fanden die Bienen heraus, dass das Sechseck die effizienteste Form für ihre Zwecke bot. Die Königin dreht sich um und senkt ihren Unterleib in die Zelle. Sie legt ein durchscheinendes Ei von der Größe eines rohen Reiskorns. Sie kann bestimmen, welches Geschlecht die Eier haben, und legt bis zu 2000 pro Tag.

Bienen kommunizieren und lernen über den Sehsinn. In einem Experiment brachte man einigen Hummeln bei, kleine Kugeln zu rollen; andere sahen zu und nahmen Verbesserungen vor. Bei den Honigbienen zeigen die Kundschafterinnen durch einen Tanz, wo es Blüten gibt. Je heftiger die Bewegungen, desto besser der Fund. Der Winkel zur Sonne, in dem sie ihren Tanz aufführen, gibt die Richtung der Blumen an und die Länge der Tanzlinie die Entfernung. Auch die besten Plätze für einen neuen Bienenstock werden durch Tänze übermittelt. Verschiedene Kundschafterinnen empfehlen unterschiedliche Plätze. In einem demokratischen Prozess gehen sie buchstäblich Kopf an Kopf, um ihre Meinung durchzusetzen. Sie stoßen gegeneinander und quieken. Schließlich trifft der Schwarm eine Entscheidung.

Zwei Felder weiter ist eine Blattschneiderbiene bei der Arbeit. Sie ist eine Solitärbiene, die allein und nicht in einem Stock lebt. Sie erzeugt auch keinen Honig. Das lila Blatt wackelt im Wind. Die Biene setzt sich rittlings auf seinen Rand, drei Beine auf einer Seite, drei auf der anderen. Mit ihren kräftigen Mundwerkzeugen beißt sie einen Bogen in das Blatt. Sie dreht es, bis sie ein ovales Stück von der Größe ihres Körpers herausgeschnitten hat. Ihre Flügel sind reglos, wenn sie den letzten Biss macht und mit dem Blatt zusammen nach unten fällt. Dann schlagen die Flügel und mit dem Blatt zwischen ihren Beinen steigt und fällt sie in der Luft. Wie auf einem Karussellpferd reitet sie darauf zu einem Baumloch. Sie zwängt das Blatt hinein, sodass es sich aufrollt, und schiebt es so durch den Gang. Daraus wird ein Kokon für ihre Larven. Sie bringt ein weiteres Stück Blatt, das sie in Kreise schneidet, um die Röhre damit zu verschließen. Sie legt Pollen und ein Ei darauf, dann versiegelt sie den Kokon mit den Blattdeckeln. Wenn sie genug Platz hat, bastelt sie bis zu zwanzig solcher Zellen. Sie besucht Blüten, oft von Obst- und Gemüsepflanzen, und bestäubt diese. Manche Blattschneider machen die Kokons aus Blütenblättern, etwa von der Rose.

Weltweit sind rund 20.000 Bienenarten bekannt: Davon sind 90 % Solitärbienen, 250 Hummeln und nur neun Arten sind Honigbienen. Die Rote Mauerbiene baut ihr Nest in leeren Schneckenhäusern, die sie mit Blättern und Gras tarnt. Die Holzbiene *Xylocopa caerulea* höhlt tote Stängel aus. Sandbienen graben unterirdische Gänge und machen kleine Erdhaufen darüber. Am Eingang zum Bau der Rotpelzigen Sandbiene stehen Kegel aus Aushub, die aussehen wie kleine Vulkane. Die Tunnel sind mit Schlamm ausgekleidet und es gibt verschiedene Kammern, in die Nektar und Pollen abgelegt werden. Diese gleichmäßig angeordneten Klümpchen sind blau, gelb, orange oder rot – wie die Blüten, von denen sie stammen. Die Große Wollbiene bestückt ihr Nest mit Flaum von der Königskerze und dem Wollziest – Pflanzen, die das Männchen bewacht.

Solitärbienen sind effizientere Bestäuber als Honigbienen, die Generalisten sind. Eine Mauerbiene macht die Bestäubungsarbeit von Hundert Honigbienen. Die Hummel ist pelziger und trägt mehr Blütenstaub, den sie mithilfe von statischer Elektrizität anzieht. Ihre Vibrationen schütteln die Pollen aus den Staubbeuteln der Blumen. Das macht sie zum besten Bestäuber für Pflanzen wie Blaubeeren und Tomaten. Studien zufolge bilden Pflanzen, die von der optimalen Biene bestäubt werden, mehr und geschmackvollere Früchte.

Vor wie vielen Jahrtausenden fanden wir heraus, dass Bienen nicht stechen, wenn sie schwärmen? Dass man den Schwarm in einen Stock geben konnte? Dass man sie nutzen kann? Diese Erkenntnisse veränderten unseren Umgang mit der Biene. Als die moderne Landwirtschaft den Lebensraum und die Nahrungsquellen von Wildbienen und anderen Bestäubern verdrängte, brauchte man ganze Schwärme von Zuchthummeln und Honigbienen, um die Nutzpflanzen zu bestäuben. Um Hunderte Millionen Dollar pro Jahr verschiffte man Honigbienen zu den Mandel-Monokulturen in Kalifornien,

damit sie einen Job machten, den die Wildbienen kostenlos erledigt hätten. Die Importbienen nehmen den heimischen Bestäubern die Nahrung weg. Die intensive Zucht schwächt sie und die Massenhaltung macht sie anfällig für Krankheiten und Milbenbefall.

In Europa ist der Import von fremden Hummelarten nicht erlaubt, aber jedes Jahr exportiert die Industrie zwei Millionen Hummelkolonien in über 60 verschiedene Länder, wo sie Blaubeeren, Auberginen, Tomaten, Paprika und viele andere Nutzpflanzen bestäuben. Manche Hummeln entkommen und stören das Leben der heimischen Bestäuber, unter anderem der Bienen und Kolibris. Sie konkurrieren um Nahrung und Nistplätze und übertragen Parasiten.

Die Patagonische Riesenhummel ist eine Hummelart, die in ihrem Lebensraum größtenteils ausgelöscht wurde. Sie ist die südlichste und größte Hummel und eine wichtige Bestäuberin vieler Pflanzen in der Region. Ihr Verbreitungsgebiet wurde von Europas Hauptexport, der Dunklen Erdhummel, übernommen. Manche fürchten, es ist bereits zu spät, um die Riesenhummel noch zu retten.

Weltweit gelangen jährlich geschätzte 4,6 Millionen Tonnen Pestizide in die Umwelt. Ein Großteil der versprühten Gifte bleibt nicht auf der Pflanze, sondern sickert in die Erde und ins Wasser. Viele dieser Biozide sind heute um ein Vielfaches tödlicher für Insekten als noch 1962, als Rachel Carsons Buch *Der stumme Frühling* erschien.

Bei einer Messung in Rapsfeldern, die mit Neonicotinoiden behandelt wurden, fand man nur die Hälfte der Wildbienen, die in unbehandelten Feldern vorkommen. Hummeln hatten weniger Königinnen und Solitärbienen waren ganz verschwunden. Die Chemikalien, die auf die Pflanzen aufgebracht werden, reduzieren die Fruchtbarkeit der Bienen und schwächen ihr Immunsystem, ihr Gedächtnis und ihren Orientierungssinn. Pestizide wurden immer als Notwendigkeit betrachtet, aber eine Untersuchung von Tausend französischen Bauernhöfen ergab, dass der Einsatz weniger Pestizide auf 86 % der Bauernhöfen mehr Ertrag brachte. Auf keinem verringerte sich der Ertrag und auf 78 % blieb er gleich oder stieg.

Die meisten Nutzpflanzen werden von Insekten bestäubt, viele von Bienen, deren Artenvielfalt aber immer kleiner wird – genau wie die Arten, die von ihnen abhängig sind. In Nordamerika sinkt der Bestand von Vögeln, die im Flug Insekten fressen, schneller als der aller anderen Vogeltypen. In Gebieten, in denen es kaum noch Insekten gibt, müssen Obstbäume von Hand bestäubt werden, mithilfe von Pinseln oder Zigarettenfiltern.

Wir können den Bienen helfen, indem wir in unseren Gärten keine Unkraut- und Insektenvernichtungsmittel versprühen. Dann gäbe es zumindest ein paar sichere Plätze, an denen sich Insekten niederlassen können.

# HAIE

Der Mann mit der Maske kniet im Sand. Er ist ganz in Schwarz gekleidet. Als er ausatmet, wirbeln Wasserblasen um seinen Kopf. In seinen Armen hält er einen Hai. Hinter ihm schwimmt ein anderer Hai vorbei. Mit einer Hand stützt der junge Mann den Fisch, der länger ist als er, und mit der anderen Hand streichelt er ihn. Der Hai versucht, einen Blick auf den Menschen zu erhaschen. Der Hai windet sich, wedelt mit der Schwanzflosse und schwimmt davon. Der Mann ist der verstorbene Naturschützer Rob Stewart, der in seinem Film *Sharkwater Extinction* zeigen wollte, wie sanftmütig Haie sind.

In der New Yorker U-Bahn werden mehr Personen von Menschen gebissen als weltweit von Haien angegriffen werden. Trotzdem haben Haie immer noch einen schlechten Ruf. Dabei sind viele sehr scheu und haben Angst vor Menschen – und das aus gutem Grund, denn wir töten rund 10.000 Haie pro Stunde.

Haie nehmen elektrische Felder wahr und erfassen auf diese Weise Bewegungen. Sie spüren sogar den Herzschlag eines Menschen. Rob Stewart musste seinen Puls ruhig halten, um das Vertrauen der Haie zu gewinnen.

Haie bevölkern die Erde bereits seit 420 Millionen Jahren. Sie existierten schon mindestens 150 Millionen Jahre vor den Dinosauriern. Damals gab es nur zwei Kontinente. Haie gehörten zu den ersten Tieren, denen ein Kiefer wuchs, und als Reaktion darauf entwickelten andere Meeresbewohner Tarnung, Schwarmverhalten, Kommunikation und eine höhere Geschwindigkeit.

Es gibt über 500 Arten von Haien. Der gefährdete Walhai mit dem »Leopardenmuster« auf der Haut ist der größte aller Fische. Der Embryo des Braungebänderten Bambushais nimmt schon in seiner Eikapsel Feinde wahr und erstarrt, damit er nicht entdeckt wird.

Manche Arten setzen Licht zur Tarnung und als Lockmittel ein, etwa der karibische Zwerg-Laternenhai, der die Größe einer Menschenhand hat. Der breite Balken am Kopf des Hammerhais und das lange Rostrum des Koboldhais stecken voller Rezeptoren zur Wahrnehmung elektrischer Impulse. Der Hammerhai legt Tausende Kilometer zurück und orientiert sich dabei am Magnetfeld der Erde und an der Struktur des Meeresbodens. Der Epaulettenhai kann an Land gehen und

zwischen den Gezeitenbecken nach Nahrung suchen. Auf seinen Flossen »läuft« er über den felsigen Boden.

Ein Fünftel aller Haiarten wurde erst in den letzten 25 Jahren entdeckt. In dieser Zeit haben wir den Bestand einiger Arten um 90 % dezimiert. Viele sind kaum erforscht. Noch niemandem ist es gelungen, einen Grönlandhai beim Beutefang oder einen Walhai bei der Lebendgeburt seiner Jungen zu beobachten.

Die steigenden Temperaturen sorgen dafür, dass die Jungen frühzeitig schlüpfen und dadurch schwächer sind. In Asien werden Haie in der traditionellen Medizin verwendet, obwohl die Fische mittlerweile stark mit Quecksilber belastet sind. Jährlich werden 87 Millionen Haie getötet. Die meisten davon wegen ihrer Flossen, aus denen Haifischflossensuppe gemacht wird. Das Aroma der Suppe stammt aber von Hühner- oder Schweinebrühe, denn die Haiflosse selbst schmeckt neutral.

Die meisten Haie werden Opfer von Langleinen, die 100 Kilometer hinter den Schiffen hergezogen werden und mit Tausenden Haken bestückt sind. Allein schon für die Köder müssen unzählige Fische sterben. An den Haken verenden auch Vögel, Schildkröten und Delfine, darunter viele bedrohte Arten. Beim Versuch, sich zu befreien, zerreißen ihnen die Haken die Gaumen, Lippen, Kehlen oder Bäuche. Delfine ertrinken. Fische, die schwimmen müssen, um atmen zu können, ersticken. Andere zappeln vor Angst und Schmerzen.

Auf kleineren Booten fängt man Haie mit hakenbewehrten Stangen, die den Tieren in den Mund, den Körper oder die Augen gestochen werden, um sie an Bord zu ziehen. Man schneidet den Haien die Flossen ab und wirft sie zurück ins Meer. Sie können nicht mehr schwimmen und verbluten oder ertrinken.

Wo es keine Haie mehr gibt, verschwinden auch die Jakobsmuscheln, denn die Kuhnasenrochen, die sie fressen, haben keinen natürlichen Feind mehr. Haie regulieren auch den Bestand der Zackenbarsche – den Feind der Papageifische, die Korallen von schädlichen Algen befreien. Ohne diese Fische sterben die Korallen.

Unsere Meere schenken uns Nahrung und Sauerstoff und absorbieren $CO_2$. Seit Hunderten Millionen Jahren standen die Haie an der Spitze dieses Ökosystems.

# MANDSCHUREN-KRANICH

*Grus japonensis*

Er könnte einem Gemälde aus der Edo-Zeit entsprungen sein, so wie er einbeinig im nebligen Sonnenlicht der Moorlandschaft Hokkaidos steht. Er ist groß, fast anderthalb Meter hoch, und alles an ihm zeugt von Anmut, von seinem sanft gewundenen schlanken Hals bis zum spitzen Schnabel, mit dem er Fische aufspießt und in Schlamm, Laub oder Gras wie mit zwei Essstäbchen nach Nahrung pickt. Aufgrund des roten Flecks auf seinem Kopf nennt man ihn auch Rotkronenkranich. Sein Gefieder ist strahlend weiß, bis auf den schwarzen Flügelrand . Auch seine langen Beine und sein Hals sind schwarz. Mit bedächtigen Schritten stelzt er dahin. Sein Blick prüft das Wasser auf Nahrung oder Gefahren.

Zur Balz reckt der männliche Kranich seinen Schnabel in den Himmel und stößt einen Ruf aus, der drei Kilometer weit gehört wird. Wenn er Glück hat, antwortet ein Weibchen. Er umkreist es, kreuzt dabei seine Beine, und hebt seine Flügel wie zu einer Umarmung. Seine Armschwingen hängen und wehen wie ein kurzes Cape. Der Kranich verbeugt sich vor dem Weibchen, stolziert und hüpft, fächelt ihr mit den Flügeln Luft zu und dreht sich manchmal um 180 Grad. Reagiert das Weibchen, breitet es die Flügel aus und springt wie ihr Verehrer herum. Beide ducken sich unter die Schwingen des anderen. Der Balztanz sieht experimentell und verspielt aus. Die Bewegungen sind abwechslungsreich statt monoton und wirken, als müssten die Vögel sie erst üben. Bei der Landung nach dem Sprung kippen sie ungeschickt nach vorn, als lernten sie erst etwas, wofür sie eigentlich nicht gemacht sind. Etwas, was sie aus Freude und nicht aus Instinkt machen. Man vermutet, dass die Vogelpaare durch den Tanz ihre Bindung stärken. Manchmal tanzt ein ganzer Schwarm – wie es aussieht, nur zum Spaß.

Kraniche kennt man auch aus dem Reich der Mythen. Die Ainu, die Ureinwohner Hokkaidos, lebten schon lange vor den Japanern auf der Insel. Sie verehrten und jagten den Mandschurenkranich und nannten ihn den Gott der Sümpfe. Die Jagd wurde schließlich kommerzialisiert und Kranichfleisch nach ganz Japan verschifft. Die Bevölkerungszahl wuchs nicht nur hier, sondern auch in China, Russland und der Mongolei. Die mäandernden Flüsse, in deren Sümpfen die Kraniche lebten, wurden mit Beton begradigt und die Feuchtgebiete beackert und bebaut. Auf der Nachbarinsel Honshu starben die Kraniche aus. Im Jahr 1924 gab es auch auf Hokkaido nur noch zehn Exemplare. Im Jahr 1935 wurden die Mandschurenkraniche unter Naturschutz gestellt und die Jagd auf sie verboten. In den folgenden Jahrzehnten wurden sie im Winter gefüttert. Im Jahr 1952 gab es 33 Kraniche auf Hokkaido und heute wieder über 1800 – so viele, wie ihr verbleibender Lebensraum versorgen kann.

Auf dem asiatischen Festland sinkt der Bestand jedoch weiterhin. Rund 1500 Kraniche überwintern auf der koreanischen Halbinsel und, wenn sie einen passenden Platz finden, im Nordosten des Gelben Meeres.

Im Jahr 1953 endete der Koreakrieg, aber ein Friedensvertrag wurde nie geschlossen. Stattdessen ist die entmilitarisierte Zone (EMZ) zwischen Nord- und Südkorea auf beiden Seiten von Waffen gesäumt. Im Bereich dazwischen haben sich Kraniche niedergelassen, wie ein verbindendes Symbol des Friedens. Da die EMZ weitestgehend von Menschen unberührt blieb, konnten sich dort wieder Tiere und Pflanzen ansiedeln und ein naturbelassenes Ökosystem bilden, in dem Arten wie der Mönchsgeier, das Sibirische Moschustier und der Kragenbär beheimatet sind.

# ASIATISCHER GEPARD

*Acinonyx jubatus venaticus*

Seine Silhouette erinnert an einen Windhund: schmale Taille, ein ausgeprägter Brustkorb und lange, kräftige Hinterbeine. Der Gepard ist das schnellste Tier an Land. Seine Schnauze wird von zwei geschwungenen Tränenstreifen akzentuiert. Die mandelförmigen gelben Augen sind tiefschwarz umrandet, fast wie mit Kajal. Der runde Kopf hat große Nasenhöhlen, damit er leichter ist und der Gepard beim Sprinten mehr Luft einsaugen kann.

Mit geducktem, vorgestrecktem Kopf und ohne zu blinzeln pirscht er sich an seine Beute an. Er muss so nah wie möglich aufrücken, bevor er die Verfolgung aufnehmen kann. Aber dann beschleunigt er in nur drei Sekunden auf 100 km/h. Seine Hinterbeine treiben ihn an und sein Körper fliegt durch die Luft, die Vorderbeine parallel zum Boden. Der geschmeidige Rücken zieht sich zusammen, sodass die Hinterfüße vor den Vorderfüßen landen und der ganze Körper neuen Antrieb bekommt. Der Kopf und die Augen bleiben während des fließenden Bewegungsablaufs auf derselben Höhe. Man vermutet, dass sich sein Innenohr speziell entwickelt hat, um den Kopf stabil zu halten, damit die Augen während des Sprints die Beute fixieren können. Geparden jagen bei Tag, denn zu dieser Zeit haben sie keine Konkurrenz durch größere Raubtiere zu befürchten. Sie brüllen nicht, sie schnurren, jaulen oder zwitschern.

Der Asiatische Gepard ist vom Aussterben bedroht. Anders als seine Verwandten in der Savanne ist er an die hochgelegenen, von Buschland geprägten Halbwüsten angepasst. Dort gibt es weniger Menschen, dafür wilde Ziegen und Schafe als Beute. Zu Beginn des 19. Jahrhunderts reichte sein Lebensraum von Indien bis in den Nordwesten der Arabischen Halbinsel. Heute gibt es ihn nur noch im Iran und es sind weniger als 50 Tiere.

Ursprünglich wurden die Asiatischen Geparde als Jagdtiere eingesetzt. Akbar der Große soll Tausend Tiere besessen haben. Ihre Beliebtheit hat aber wohl zu ihrem Untergang beigetragen, da sie sich in Gefangenschaft nur selten vermehren. Drei der letzten wildlebenden Asiatischen Geparde Indiens wurden 1947 getötet.

Ein weiterer Grund für den verschwindenden Bestand dieser Geparde ist der Verlust großer Teile ihres Lebensraums, da immer mehr Land zu Weideflächen für Nutztiere umfunktioniert wurde. Einige werden Opfer von Wilderern und viele sterben im Straßenverkehr.

# ANDENKONDOR

*Vultur gryphus*

Seine Flügel entfalten sich wie die Segel eines Schiffs und tragen seinen schweren Körper. Der Kondor gleitet auf dem Aufwind, der aus dem Tausende Meter tiefer gelegenen Tal in die Höhe steigt. Er ist ein imposanter Anblick, wie er über den Klippen und grünen Weiten kreist. Seine Flügelspannweite gehört zu den breitesten unter allen Vögeln. Die spreizbaren, nach oben gebogenen Federn an den Flügelenden geben ihm Vortrieb, steuern den Flugwinkel und mindern den Luftwiderstand. Kondore können über fünf Stunden segeln, ohne mit den Flügeln zu schlagen, und sie erreichen Höhen von 5500 Metern. Sie machen sich die Thermik zunutze und legen auf der Suche nach Fleisch Hunderte Kilometer am Tag zurück. Kondore töten nicht; sie fressen Aas und hemmen dadurch die Verbreitung von Krankheiten.

Der Hakenschnabel des Kondors ist wie dafür gemacht, Kadaver zu zerreißen. Sein Kopf und sein Hals sind federlos und bleiben dabei relativ sauber. Die faltige graue Haut kann einen rosafarbenen, roten, lila oder orangen Einschlag haben. Die männlichen Kondore haben dunkelgelbe Augen, die weiblichen rote. Die Männchen haben einen fleischigen Kamm auf dem Kopf, ein Hinweis auf ihre Saurier-Vorfahren. Erwachsene Vögel haben eine dichte Halskrause, deren Federn sich beim Sitzen wie ein Umhang um die Tiere legen.

Kondore sind sozial und treu. Sie verpartnern sich fürs Leben. Brutpaare suchen einen windgeschützten, aber sonnigen Nistplatz, der sich in der Nähe von Nahrung befindet. In der Regel legt das Weibchen alle zwei Jahre ein Ei. Die Eltern wechseln sich beim Brüten ab. Monatelang bringen sie dem Jungen das Fliegen bei und zeigen ihm, wie man Aas und Aufwinde findet. Kondore sind frühestens mit sechs Jahren geschlechtsreif und können in freier Wildbahn 50 Jahre alt werden. Früher sah man sie überall auf den westlichen Hochebenen, von Feuerland bis in den Norden Südamerikas.

Der Kondor diente nicht nur als Inspiration für den Song »El Cóndor Pasa« (bekannt von Simon and Garfunkel, aber bereits im Jahr 1913 von Daniel Robles und Julio Baudouin komponiert). Schon lange zuvor war er eine Figur in der Folklore der Anden gewesen und gilt dort noch immer als Bote der Götter.

---

Die Geier, zu denen der Kondor zählt, sind eine der am stärksten bedrohten Vogelgruppen der Welt. Der Kondor hat keine natürlichen Feinde, aber einen gnadenlosen Rivalen: Der Mensch verdrängt ihn aus seinem Lebensraum. Weniger als 1 % aller Todesfälle von Nutztieren starb durch einen Kondor. Trotzdem legen Farmer vergiftetes Aas aus, um die Vögel zu töten. Auch die Kadaver von Tieren, die stark mit Pestiziden belastet sind, können ihnen gefährlich werden. Da sich Kondore nur langsam fortpflanzen, kann sich der Bestand nicht schnell genug erholen.

In Afrika ergeht es den Geiern ähnlich. Wilderer vergiften die Vögel, damit diese nicht auf die Jäger aufmerksam machen. Viele werden wegen ihrer Gehirne getötet, da die Organe dem Volksglauben zufolge einen Blick in die Zukunft bieten können und daher bei Glücksspielern heiß begehrt sind.

Das Verbreitungsgebiet des Kalifornischen Kondors erstreckte sich einst von Mexiko bis ins kanadische British Columbia, aber in den frühen 1980er-Jahren sank der Bestand auf nur 22 Tiere. Die Hauptursachen für das Vogelsterben waren die starke Bejagung, der Verlust des Lebensraums und Blei aus Schrotkugeln in erlegtem Wild, das sie vergiftete. Im Zoo von San Diego startete man schließlich ein Zuchtprogramm, das die Kondore rettete. Im Jahr 2013 wurde in Kalifornien ein Gesetz verabschiedet, das den Einsatz von Bleimunition verbot. Im Jahr 2019 trat es vollständig in Kraft. Im selben Jahr stieg die Kondorpopulation auf 337 Tiere.

In Südamerika wird der Andenkondor leider immer noch vergiftet und sein Bestand sinkt weiterhin. Nur rigorose Schutzmaßnahmen wie jene in Kalifornien können ihn noch retten. Der Song »El Cóndor Pasa« ist mittlerweile die zweite Nationalhymne Perus. Im Musical aus dem Jahr 1913, für das er ursprünglich geschrieben wurde, begleitet die Melodie im letzten Akt den Auftritt des Kondors, der die Hoffnung auf Freiheit und ein besseres Leben symbolisiert.

# VAQUITA

*Phocoena sinus*

Der Vaquita schwimmt lächelnd durch unser Bewusstsein und verschwindet schnell wie ein Wolkenschatten auf dem Wasser in die Vergessenheit. Die Wissenschaft erfuhr erst 1950 von seiner Existenz, als ein Biologe auf einem Strand in Mexiko einen ausgebleichten Schädel entdeckte. Später stellte sich heraus, dass er zu einer undokumentierten Art von Schweinswal gehörte. Erst Jahre später fand man einen kompletten Körper.

Auch heute noch weiß man relativ wenig über den Vaquita. Er ist scheu und sehr geräuschempfindlich. Man vermutet, dass seine Vorfahren vor 2,6 Millionen Jahren den Äquator überquerten. Der Vaquita ist der kleinste und seltenste Schweinswal, der auch den kleinsten Lebensraum aller Meeressäuger hat: nur wenige Hundert Quadratkilometer im nördlichen Teil des Golfs von Kalifornien. Aus dem grauen Gesicht blicken dunkle, wache Augen. Von seinem lächelnden Mund verläuft ein Streifen zur Flosse. Selbst tote Vaquitas sehen immer noch sanft und kindlich aus. Die meisten leben allein oder paarweise, manchmal in Begleitung eines Kalbs, aber es wurden auch schon Gruppen von bis zu zehn Tieren gesichtet. Langsam schwimmen sie durchs seichte Wasser und suchen nach Tintenfischen, Krabben und Fischen.

Wenn dieses Buch erscheint, sind diese niedlichen Wale vielleicht schon ausgestorben. Zwei Fischen blüht dasselbe Schicksal. Der chinesische Bahaba, wegen seiner Schwimmblase begehrt, wurde fast komplett aus dem Jangtsekiang gefischt. Aufgrund der zunehmenden Seltenheit stiegen die Preise drastisch an und viele kauften Schwimmblasen als spekulative Geldanlage. In den 1920er-Jahren entdeckten chinesische Einwanderer im Golf von Kalifornien den Verwandten des Bahaba, den Totoaba. Bald waren die Strände übersät mit toten Totoabas, deren Schwimmblasen herausgeschnitten worden waren. Man nannte die Art *jinquian min* – »Geldfisch«. Die hohen Preise von bis zu Zehntausenden Dollar pro Kilo lockten das organisierte Verbrechen an. Patrouillen der Marine im Golf sowie der Einsatz von mexikanischen Soldaten und Polizisten verhindern jedoch nicht, dass der Totoaba weiterhin ungestraft getötet wird.

Fast alle Fischer im nördlichen Teil des Golfs verwenden Stellnetze, in denen Vaquitas als Beifang landen. Viele zweifeln an der Existenz dieser Wale und halten die Schutzmaßnahmen für eine Verschwörung von Ausländern und der Regierung. Der Vaquita ist das unschuldige Opfer dieses einseitigen Konflikts.

---

Die transparenten Monofil-Stellnetze, die in den 1970er-Jahren eingeführt wurden, werden von der Echoortung der Vaquitas nicht erfasst. Die Tiere verfangen sich in den Netzen und ertrinken. Weltweit sterben auf diese Weise 300.000 Wale und Delfine. Im Jahr 1997 gab es nur noch 567 Vaquitas. Am 20. April 2020 schätzte das Schutzkomitee CIRVA die Zahl auf 6–26 ein. Der Vaquita ist somit der seltenste Meeressäuger der Welt.

Dabei hätte man einfach die Stellnetzfischerei in einem kleinen Teil des Golfs von Kalifornien unterbinden müssen und die Fischer für ihren Verlust entschädigen, bis sich der Vaquita-Bestand erholte. Doch die Maßnahmen werden nicht streng genug durchgesetzt. Außerdem bringt der illegale Fischfang viel Geld. Wenn sich nichts ändert, werden wir die charmanten, treuherzigen Schweinswale wahrscheinlich bald nicht mehr lächelnd durch das Meer schwimmen sehen.

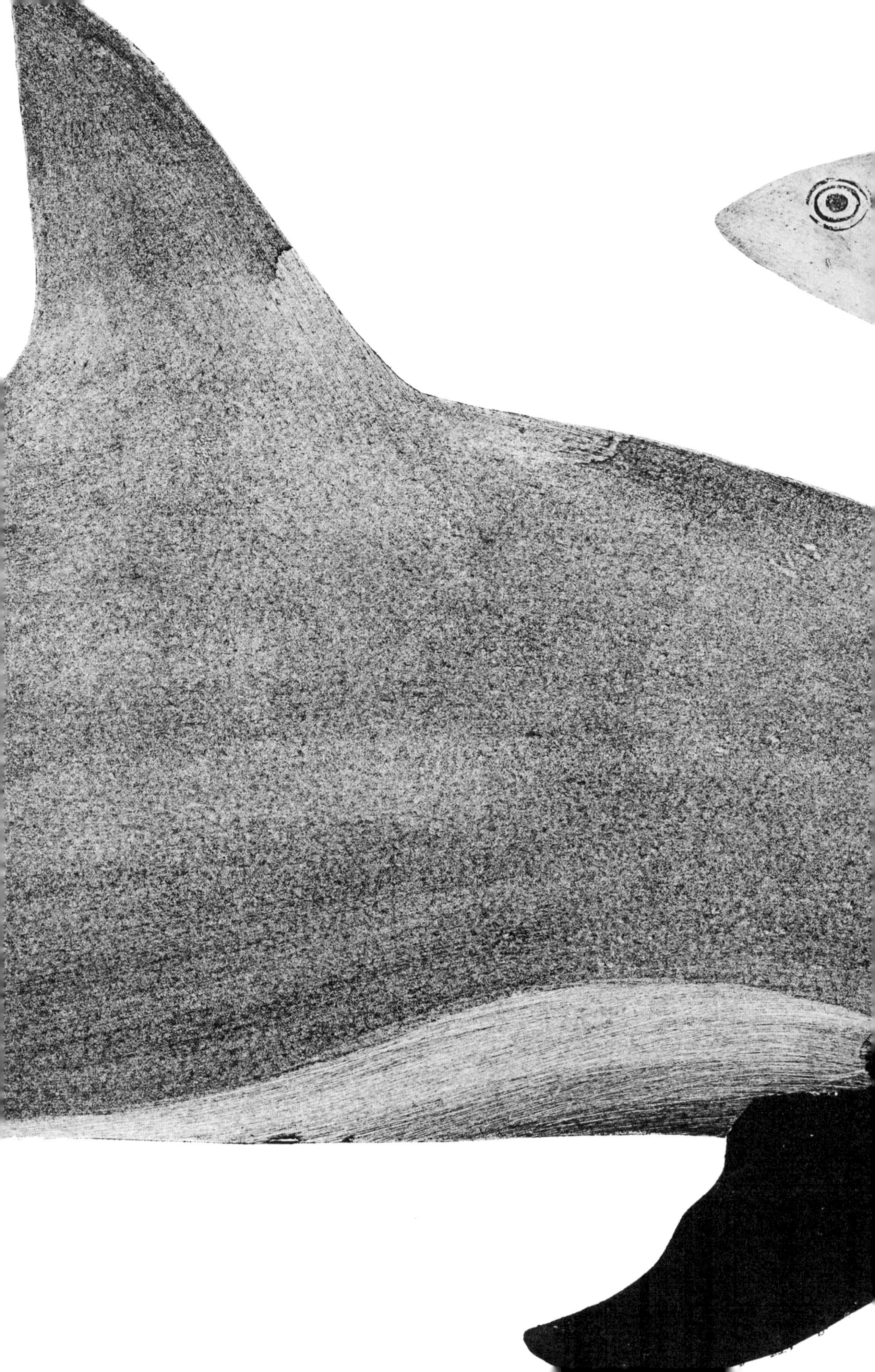

# ATTENBOROUGH-LANGSCHNABEL-IGEL

*Zaglossus attenboroughi*

Der Wald ist dunkel, aber nicht still. Selbst nachts hört man noch Vögel zwitschern und Blätter rascheln. Auf der Lichtung erscheint ein Tier, das wie ein normaler Igel aussähe, wäre da nicht seine lange, röhrenförmige, nach unten gebogene Schnauze. Es bleibt immer wieder stehen, um im feuchten Laub nach Nahrung zu wühlen. Der Attenborough-Langschnabeligel ist eines der seltensten Tiere der Welt. Wir wissen kaum etwas über ihn, aber man glaubt, dass er ein ähnliches Leben wie der verwandte Kurzschnabeligel führt.

Es gibt vier Arten von Schnabeligeln, die vermutlich länger als jedes andere Säugetier existieren. Der Attenborough-Langschnabeligel ist der kleinste. Obwohl er ein Säugetier ist, legt er Eier. Das Ei reift erst im Weibchen heran und wird dann in einen Beutel am Körper gelegt, wie bei einem Beuteltier. Nach etwa zehn Tagen schlüpft das Jungtier und wird im Beutel von seiner Mutter gesäugt, bis es ihn einige Wochen später verlässt.

Die Krallen auf seinen Hinterpfoten zeigen nach hinten. Um sich zu verstecken, gräbt er sich schnell in die Erde ein, wo er sich abkühlen, überwintern oder Waldbrände überstehen kann. Er frisst Regenwürmer, Termiten und Ameisen. Mit seiner langen Schnauze nimmt er die elektromagnetischen Felder seiner Beute wahr.

Mehrere Eigenschaften und Fähigkeiten helfen ihm, seit Millionen Jahren zu überleben: Er hat Stacheln zur Abwehr, er kann sich in der Erde vergraben, er ist nachtaktiv, seine Nahrung ist im Überfluss vorhanden und er hat Elektrorezeptoren. Auf Papua-Neuguinea hatte er keine Feinde – bis der Mensch auftauchte und dieses langsame, sanfte Tier für sich zum Verzehr entdeckte. Die raffinierten Verstecke und Stacheln schützten den Schnabeligel nicht vor ausgebildeten Spürhunden.

Mittlerweile ist selbst der kleinste ihrer Art vom Aussterben bedroht – falls er überhaupt noch existiert, denn der letzte Attenborough-Langschnabeligel wurde im Jahr 1961 identifiziert. Er befindet sich heute im Naturkundemuseum in Leiden, auf grauem Papier ausgelegt und mit einem roten Etikett an einer Hinterpfote, damit er nicht vergessen wird. Er ist ein faszinierendes Beispiel für die Möglichkeiten der Evolution und eine Verbindung zu einer fernen Vergangenheit.

# ASIATISCHER ELEFANT

*Elephas maximus*

Zwei bernsteinfarbene Augen leuchten aus dem grauen, fleckigen Kopf. Ihre Form erinnert an ein Blatt und die Haut um sie herum ist so dunkel, dass man die schwarzen Wimpern kaum erkennt. Die Falten, die sie umringen, setzen sich bis über den Rüssel fort.

Die Augen der Asiatischen Elefantendame blicken durch das Gewirr aus den Ästen und Blättern des Dschungels. Ihre Ohren schlackern und kühlen sie durch den Lufthauch ab. Sie dreht sich um und trottet gemächlich, wie in Zeitlupe, den Pfad entlang.

Hinter ihr folgt der Rest der Familie: große und kleine, alte und junge Elefanten. Der Boden ist noch weich vom Monsun, sodass ihre Füße tiefe Spuren im feuchten Lehm hinterlassen. Die Abdrücke füllen sich mit Wasser, sodass kleine Tümpel entstehen. In ein paar Wochen werden dort Frösche Zuflucht vor der Trockenheit und vor hungrigen Fischen suchen. Die meisten der Mulden haben nur etwa 60 Zentimeter Umfang und sind zehn Zentimeter tief, aber das reicht für die Entstehung eines Ökosystems. In den Fußspuren treffen Frösche unterschiedlicher Populationen aufeinander.

Die Elefanten spielen im Wald eine wichtige Rolle. Sie verbreiten Samen im Umkreis von mehreren Kilometern und ihre Verdauung hilft bei der Keimung. Ihre Lieblingsfrucht ist der Indische Rosenapfel. Sie fressen Zweige und trampeln Bäume nieder, sodass Platz für andere Pflanzen entsteht und durch das Blätterdach mehr Licht auf die Keimlinge fällt.

Eine Elefantenherde wird von einer Leitkuh angeführt. Die Weibchen werfen nur etwa alle vier Jahre und die Tragzeit dauert fast zwei. Die Kälber bleiben mehrere Jahre bei der Mutter, die Töchter oft bis an ihr Lebensende – länger als jedes andere Landsäugetier. Die ganze Familie kümmert sich um die Jungtiere.

Elefanten lernen jahrelang. In ihren Gehirnen befinden sich Spindelneuronen, wie auch bei Orcas, einigen Walen, den Menschenaffen und den Menschen. Diese Nervenzellen beeinflussen das Sozialverhalten, die Gefühle und die Intuition. Elefanten sind selbstlos, sogar anderen Arten gegenüber – auch dem Menschen.

Die Vibrationen, die beim Aufstampfen entstehen, können von den Füßen anderer Elefanten selbst noch in 32 Kilometern Entfernung wahrgenommen werden. Wird eine Gruppe angegriffen, spüren andere Herden ihre Angst und Panik. Das erklärt auch, warum Asiatische Elefanten Tsunamis vorhersagen können. Die Tiere trösten und beruhigen einander, indem sie ihre Rüssel aneinanderlegen und sanft quieken. Da sie starke Bindungen aufbauen, sind sie geschockt, wenn Mitglieder ihrer Familie gewaltsam zu Tode kommen. Die trauernden Elefanten bedecken den Leichnam mit Blättern und Zweigen und stehen tagelang still an seiner Seite.

Da ihre Gehirnchemie der unseren ähnelt, vermutet man, dass sie wie wir unter posttraumatischem Stress leiden können. Sie erweisen ihren Verstorbenen die letzte Ehre, indem sie ihre Körper streicheln. Ein Babyelefant schlingt seinen Rüssel um den Hals seiner toten Mutter und hält sie tagelang fest.

Um einen jungen Elefanten zu fangen, töten Wilderer oft seine Mutter, Schwestern und Tanten. In Thailand wird ein Elefantenjunges, dessen Beine gefesselt sind, in einen Käfig gezogen und hineingeprügelt. Sein Gefängnis ist gerade so hoch und breit wie sein Körper. Die Stäbe bestehen aus dicken Holzstämmen. Junge Männer stehen herum und schauen zu. Andere stupsen ihn mit Stöcken an und schlagen auf seinen empfindlichen Rüssel. Einer zwängt sich in den Käfig und hackt mehrmals mit einem Eispickel in den Kopf des kleinen Elefanten, dreht die Spitze in seinen Schädel. So beginnt *Phajaan*, eine Unterwerfungsprozedur, bei der das Tier durch Hunger, Durst, Schlafentzug und das Zufügen von Schmerzen »gebrochen« wird. Mit Messern und Elefantenhaken wird der Elefant gequält, bis er sich in seine neuen Pflichten fügt: als Reittier, Zirkusattraktion oder Fotomotiv für Touristen. Viele der Jungen verenden beim *Phajaan*. Sie ersticken, verdursten oder sterben an den Folgen des Traumas. Vom weltweiten Bestand an Asiatischen Elefanten befinden sich über 25 % in Gefangenschaft. Viele davon wurden ein Opfer von *Phajaan*.

Asiatische Elefanten haben keine so langen Stoßzähne wie ihre afrikanischen Verwandten, aber es gibt auch für andere Körperteile einen wachsenden Markt. Ihre Rüssel und Penisse werden etwa in der traditionellen chinesischen Medizin verwendet. Den Tieren wird die Haut abgezogen und aus ihrem Fett werden Perlen gemacht. Die Wilderer schießen mit Giftpfeilen auf sie. An den darin enthaltenen Pestiziden gehen die Elefanten langsam und qualvoll zugrunde.

Der Asiatische Elefant lebt auf nur noch 15 % seines ursprünglichen Lebensraums. Ehemalige Waldflächen wurden bebaut und mit Monokulturen bepflanzt. Die verstreuten Flecken Wald bieten nicht genug zum Leben. Elefantenherden werden voneinander abgeschnitten. Die alten Pfade zwischen Wasser- und Nahrungsquellen sind blockiert. Bauern, denen sie in die Quere kommen, töten sie. In einem Dorf in Sri Lanka singt man den Elefanten vor, um sie fernzuhalten. Andere setzen Gewehre, Gift, Fallen oder dynamitgefüllte Kürbisse ein. Letztere zerfetzen den Tieren den Mund, sodass sie verhungern. Die überlebenden Elefanten leiden unter dem Stress, sodass die Geburtenrate gegen Null sinkt.

---

Im Jahr 1796 bemerkte der französische Naturforscher und Zoologe Georges Cuvier, dass sich die Zähne eines lebenden Elefanten von denen eines Mammuts unterschieden. Er schloss daraus, dass manche Arten bereits ausgestorben seien. Angesichts des großen Elefantenbestands im 18. Jahrhundert musste ihm dieser Gedanke absurd vorgekommen sein. Mittlerweile hören wir ständig von der Gefährdung der Elefanten, aber wir können uns immer noch kaum vorstellen, dass es dieses massige Tier, das jeder kennt, eines Tages nicht mehr geben wird. Seit 1950 ist die Zahl der Asiatischen Elefanten um die Hälfte zurückgegangen, jene der Afrikanischen Elefanten seit den 1930er-Jahren um 95,5 %. Sie gehören zu den letzten großen Pflanzenfressern.

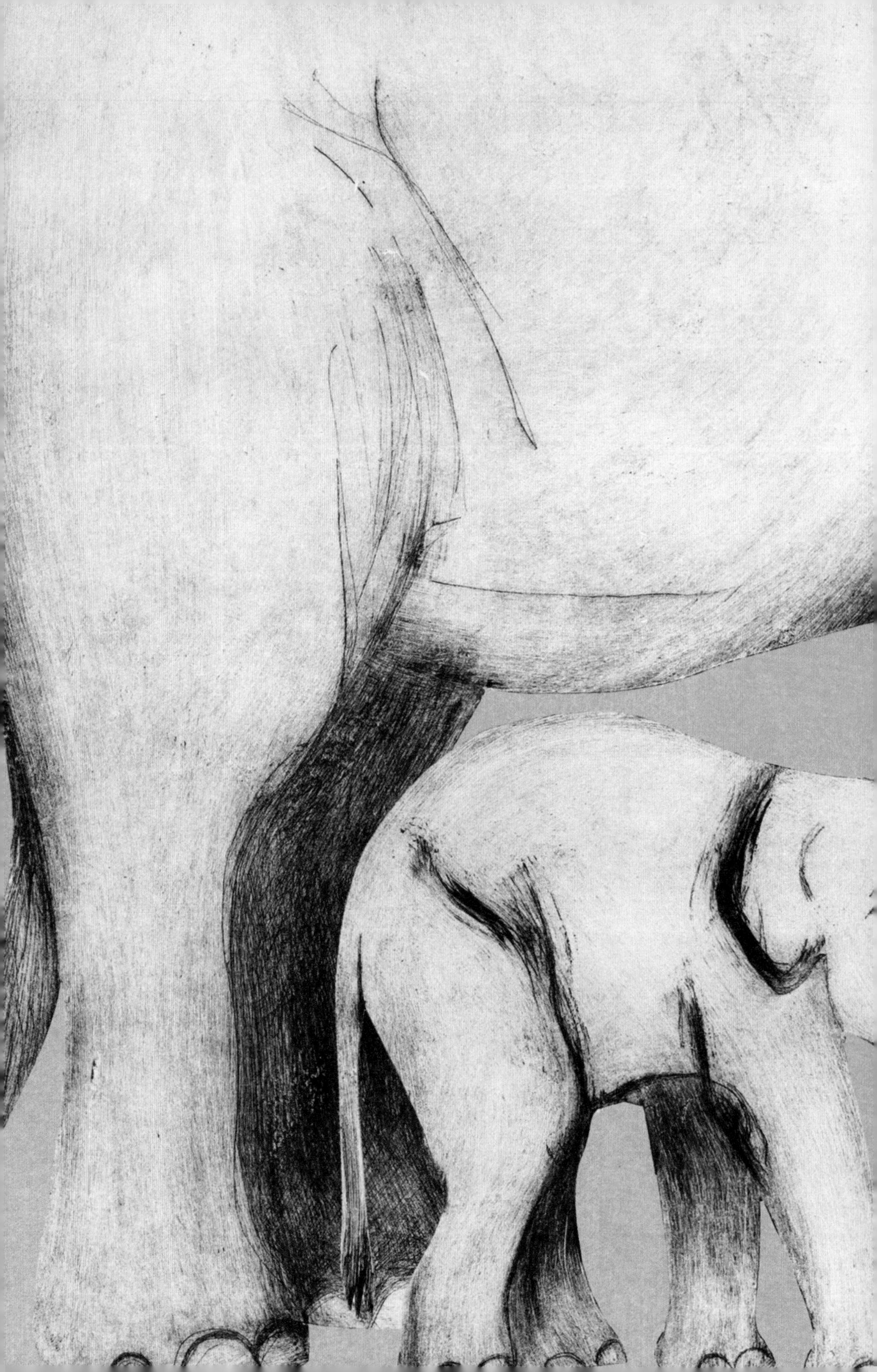

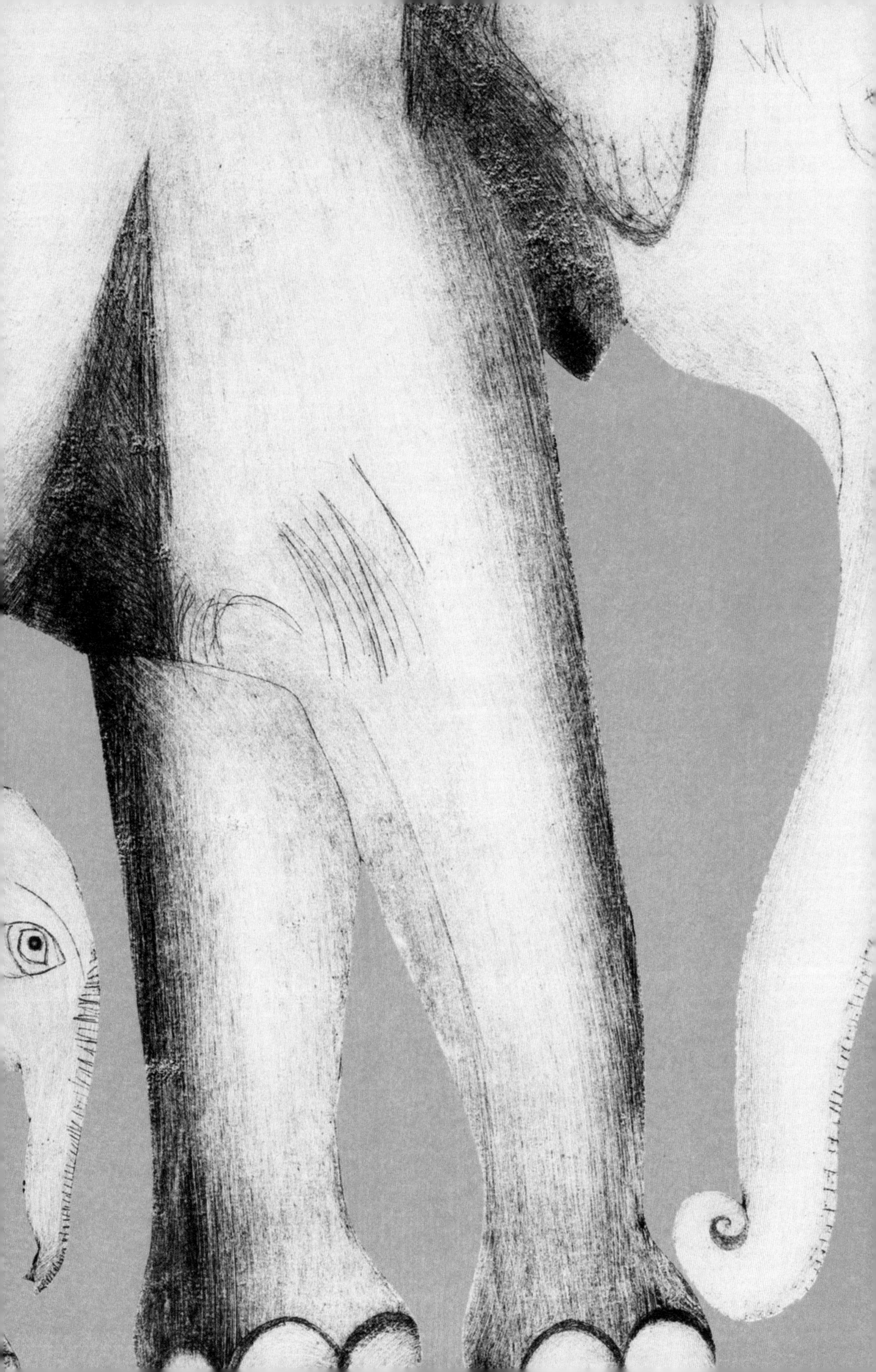

# DUNKLER GOPHER-FROSCH

*Lithobates sevosus*

In den 1930er-Jahren injizierte man Krallenfröschen den Urin einer Frau. Laichten die Frösche danach, bedeutete es, dass die Frau schwanger war. Auch nach der Erfindung des Schwangerschaftstests wurde noch mit den Fröschen experimentiert. Sie wurden in die ganze Welt verbreitet und schleppten Krankheitserreger ein. In den 1970er-Jahren starben massenhaft Amphibien. Erst viel später fand man heraus, dass der Krallenfrosch oft von *Batrachochytrium dendrobatidis* befallen war. Dieser Pilz ist für Amphibien so tödlich wie die Pest für Menschen. Seine Sporen fressen sich in die Haut der Tiere und ernähren sich von Aminosäuren. Zwar häuten sich Frösche, aber den Pilz werden sie dadurch nicht los. Nach wenigen Wochen bleibt ihr Herz stehen. Der Handel mit Amphibien ist mittlerweile die Hauptquelle dieser Erreger. Mindestens 695 Amphibienarten sind davon bedroht, darunter der Dunkle Gopher-Frosch.

---

Im Teich könnte man ihn mit einem abgefallenen Blatt oder einem Häufchen grauen Kies verwechseln. Sein Rücken ist voller unregelmäßiger Formen. Die dunkelbraunen, olivgrünen und fast schwarzen Flecken auf dem blassen Grau wirken wie ein abstraktes Schwarz-Weiß-Bild. Mit seinen hochstehenden Augen kann er nach Beute oder Feinden Ausschau halten, während der Körper unter Wasser bleibt. Jede der großen, dunklen Pupillen wird von einer marmorierten Iris umrahmt.

Zu Beginn des Jahres, wenn der warme Regen die Tümpel füllt, rufen die männlichen Frösche mit aufgeblähtem Kehlsack nach den Weibchen. Die Kaulquappen haben eine sumpfgrüne Farbe und einen durchscheinenden Ruderschwanz. Im Sommer trocknen die Tümpel aus. Die Frösche und ihre Jungen sind dann vor Fischen sicher und haben größere Überlebenschancen. Die Wälder im US-Bundesstaat Mississippi schrumpfen und mit ihnen verschwinden die kurzlebigen Teiche. Einige der verbliebenen besetzte man mit Fischen, die die Kaulquappen fressen. Land wird trockengelegt, um Wälder und Böden wirtschaftlich zu nutzen. Ohne Teich können sich die Frösche aber nicht fortpflanzen.

Tagsüber suchen sie Schutz unter Baumstümpfen und in den Gängen der Gopher-Schildkröte. Die kühlen Tunnel sind fünf Meter tief und bis zu 15 Meter lang. In ihnen bleibt die Haut der Frösche feucht. Auch Insekten sind hier zu finden – Nahrung für die Frösche, die nachts auftauchen, um sie zu fressen.

Füchse, Mäuse, Gürteltiere, Eidechsen, Opossums, Kaninchenkäuze, Kiefernnattern und über 350 andere Arten nutzen die Gänge der Gopher-Schildkröten, vor allem als Zufluchtsort bei Waldbränden.

Die Ausbreitung der Städte, die Unterdrückung natürlicher Brände und die kommerzielle Forstwirtschaft zerstören die Sumpfkieferwälde, den Lebensraum der Frösche und Schildkröten. Von ihrer ursprünglichen Fläche im Südosten der USA sind nur noch 4 % übrig.

Im Jahr 2001 gab es nur noch Hundert Dunkle Gopher-Frösche, die im Umkreis eines einzigen Teichs in Mississippi lebten. Nachzuchtprogramme brachten kleine Erfolge, aber von den ausgewilderten Tieren überleben nur wenige. Im Jahr 2012 gab es nur drei Teiche, in denen die Frösche laichten.

Da Amphibien im Wasser und an Land leben, sind sie ein guter Indikator für die Gesundheit der Umwelt, die sie mit uns teilen. Sie sterben schneller aus als die meisten anderen Gruppen von Lebewesen. Da Frösche Hautatmer sind, schadet ihnen Verschmutzung ganz besonders. Wittert der Dunkle Gopher-Frosch Gefahr, hält er sich die Vorderfüße wie Hände vor die Augen. Vielleicht hofft er, dass ihn sein Feind so auch nicht sehen kann.

# MALAIISCHES SCHUPPENTIER

*Manis javanica*

Die scharfen Schuppen haben feine Rillen, wie manche Muscheln oder das Ginkgoblatt. Aus den runden Augen blickt ein wacher Geist. Sein Schuppenkleid reicht bis über den Kopf. Zusammen mit der dicken Haut macht es beim Schuppentier ein Drittel des Körpergewichts aus. Aber dieser Panzer wird ihm zum Verhängnis: Wegen der Schuppen wird es bis zur Ausrottung gejagt.

Bei Gefahr klettert das Schuppentier auf einen Baum, versteckt sich in einem Bau oder erstarrt. Oft rollt es sich zu einer flachen Kugel zusammen – daher kommt auch sein malaiischer Name *pengguling*: »jemand, der sich zusammenrollt«.

Das Verbreitungsgebiet des Malaiischen Schuppentiers erstreckt sich von Ostindien über Myanmar, Thailand, Vietnam, die Malaiische Halbinsel und Indonesien bis nach Borneo. Weltweit gibt es acht Schuppentierarten: vier in Asien, vier in Afrika. Sogar Löwen geben auf, wenn sie versuchen, die gepanzerte Kugel durchzubeißen. Aber sein schlimmster Feind, *Homo sapiens*, hebt das Tier einfach auf und steckt es in einen Sack.

Die Muttertiere bauen Nistplätze in Baumhöhlen. Drei Monate nach der Geburt reitet das Junge auf seiner Mutter, indem es sich an ihren Schwanz klammert. Sieht man einem Schuppentier beim Klettern zu, könnte man meinen, es gäbe keine Schwerkraft. Mühelos und geschmeidigt läuft es Bäume hoch, rennt an der Unterseite von Ästen entlang und steigt mit dem Kopf voraus und mit dem Schwanz als Greifhilfe wieder herab.

Die Vorderfüße und Krallen des Malaiischen Schuppentiers eignen sich perfekt, um Termiten- und Ameisenhügel aufzugraben. Es buddelt damit auch Baue, in denen es ruht. Mit seiner Zunge, die es 25 Zentimeter weit herausstrecken kann, angelt es sich Insekten und ihre Eier. Da es keine Zähne hat, verschluckt es auch kleine Steine, die zusammen mit dem teilweise verhornten Magen die Nahrung zermahlen.

Ein Schuppentier frisst im Jahr rund 70 Millionen Insekten. Beim Graben ihrer Höhlen lockern sie den Boden auf und wenn sie weiterziehen, bietet der Bau eine Zuflucht für andere Tiere: für die Travancore-Landschildkröte, die Krabbenmanguste, den Chinesischen Sonnendachs und den Buntmarder.

Die Malaiischen Schuppentiere sind nachtaktive, scheue Einzelgänger. In manchen Teilen ihres schrumpfenden Lebensraums sind sie fast ausgestorben. Die Nachfrage nach Schuppen, Fleisch und anderen Körperteilen steigt. Während die asiatischen Exemplare ausgerottet werden, steigt die Gier nach ihren afrikanischen Verwandten. Die Tiere werden bei Tisch geschlachtet, damit die Gäste sehen, dass sie ein echtes Schuppentier serviert bekommen. Jungen werden in Flaschen gesteckt und als Schuppentierwein verkauft. Die Föten gelten als Delikatesse und werden als Suppeneinlage verwendet.

Zwar stehen alle Schuppentiere auf der Liste des Artenschutzübereinkommens CITES (Convention on International Trade in Endangered Species of Wild Fauna and Flora), aber es fehlt an strengen Maßnahmen. Die Tiere werden in Drahtkörben geschmuggelt und mit einer Pampe aus Stärke und Wasser zwangsernährt. Oft spritzt man ihnen Flüssigkeit, um ihr Gewicht und damit ihren Preis zu erhöhen. Die gestressten Schuppentiere werden anfällig für Krankheiten und Parasiten.

Die Schuppen bestehen aus Keratin, genau wie unsere Fingernägel. Dennoch hält sich der Aberglaube, dass sie eine Heilwirkung besitzen. Im Jahr 2020 ergab eine Studie der chinesischen Tianjin-Universität für traditionelle Medizin, dass es für diese Behauptung keinerlei Beweise gibt. Die Autoren empfahlen auch, die Schuppen von der offiziellen Arzneimittelliste zu streichen. Und selbst wenn sie einen nachweislichen medizinischen Nutzen hätten: Wäre dann die qualvolle Auslöschung einer ganzen Art gerechtfertigt?

# GEISTERORCHIDEE

*Dendrophylax lindenii*

Es ist warm und dunkel. In der Luft hängt der süße Duft verrottender Pflanzen und blasser Blüten. In den Zypressensümpfen von Collier County im Süden Floridas ist die Nacht hereingebrochen. Nicht weit von hier ruft ein Streifenkauz. Ganz nahe macht sich ein Schweinsfrosch mit einem krächzenden Quaken deutlich bemerkbar. Es klingt, als würde jemand eine grobe Säge über die Kante einer dünnen Sperrholzplatte ziehen. Man kann die einzelnen Vibrationen geradezu spüren. Dann hört man ein Platschen und es ist lange still. Bis er wieder losquakt.

Ein hohes Summen durchdringt die schummrige Nacht. Es klingt wie ein winziger Zahnarztbohrer oder ein ebenso winziger Bogen, der über die E-Saite einer Miniaturvioline streicht. Das Geräusch kommt aus einem Moskitomännchen, das mit seinen Flügeln einen Ton von 650 Hertz erzeugt. Die Flügel des Weibchens sind größer und schlagen langsamer, darum ist der Ton mit etwa 400 Hertz etwas tiefer. Das Männchen spürt das Summen des Weibchens mit seinen Flügeln, in denen sich fast so viele Hörfasern befinden wie im menschlichen Ohr. Es senkt seine Tonhöhe und das Weibchen steigert ihre. Sie spielen ein Duett und wenn die Töne aufeinander abgestimmt sind, bei ungefähr 1200 Hertz, paaren sich die beiden Moskitos im Flug.

Irgendwo in der Dunkelheit tropft Wasser in den gemächlichen Fluss der Sümpfe. Der Schweinsfrosch quakt erneut. Ganz langsam, innerhalb von gut sechzig Stunden, öffnet sich die grüne Knospe einer Geisterorchidee. Der lange Spross ragt aus grau-grünen Wurzeln, die auf der Rinde eines Wasserapfelbaums wachsen. Die Blüten- und Kelchblätter entfalten sich, sodass sich die blassen Beinchen hervorstrecken. Die Orchidee erinnert an ein Püppchen, ein Irrlicht, mit einem gerundeten Staubbeutel, der wie ein kleines Gesicht aussieht. Über dem figürlichen Kronblatt stehen die Kelchblätter wie ein Kopfschmuck ab. Der Nektarsporn hängt hinter der Blüte nach unten. Die ganze Blume ist schwer genug, um den Stiel zu beugen, wodurch sich die kleine Gestalt vom Baum abhebt und wie ein Geist im Dunkeln zu schweben scheint. Fällt ein Regentropfen auf die Blüte, tanzt die weiße Figur und ihre Beine wippen mit.

Der Sporn der Blume ist so lang, dass nur wenige Insekten daran angepasst sind und mit ihrem Saugrüssel an den Nektar kommen. Lange hielt man den Nachtfalter *Cocytius antaeus* für den Bestäuber der Orchidee, bis im Jahr 2019 einige Fotos neue Erkenntnisse brachten: Der Rüssel des Falters erreichte zwar den Nektar, aber er war zu lang, sodass der Rest des Insekts die Pollen nicht berührte. Auf anderen Fotos sah man, dass der Falter *Pachylia ficus* einer der Bestäuber ist.

Die Geisterorchidee blüht mehrere Tage lang. Wurde sie bestäubt, bildet sich eine lange Kapsel, die trocknet und schließlich die Samen abgibt. Diese keimen nur, wenn für Wärme, Feuchtigkeit und das richtige Licht gesorgt ist. Und sie brauchen die Hilfe von Pilzen der Gattung *Ceratobasidium*, die in der Rinde von Sumpfzypressen, Eschen und Wasserapfelbäumen leben.

Orchideen sind von Pilzen abhängig. Die Pilze versorgen die Pflanze mit Nährstoffen und erhalten im Austausch den Kohlenstoff, den die Orchidee mittels Photosynthese über ihre grünen Wurzeln erzeugt. Die Pilze müssen auch die Samenkapseln öffnen und sie geben den Samen Zucker, den diese brauchen, um zu wachsen. Nur 10 % aller Geisterorchideen blühen und nur 10 % dieser Blüten werden bestäubt. Und von Millionen Samen fallen nur ganz wenige auf einen Baum, auf dem die Gattung *Ceratobasidium* gedeiht.

Der Lebensraum der Geisterorchidee steht unter ständiger Bedrohung. In den 1950er- und 1960er-Jahren wurden viele der Primärwald-Zypressen gefällt. Doch genau auf diesen wuchsen die Orchideen. Auch der Bevölkerungszuwachs in der Region führt dazu, dass immer mehr Sümpfe trockengelegt werden und die Flächen für Landwirtschaft, Wohnungen und andere Bauprojekte genutzt werden.

Im Jahr 2017 genehmigte das amerikanische National Park Service, das für die Schutzgebiete in den Sümpfen verantwortlich ist, den Antrag eines Ölkonzerns, der im Gebiet des Big-Cypress-Nationalparks in Collier County nach Erdöl suchen wollte. Durch die Aktivitäten wurden die Feuchtgebiete und ihre Zypressen beschädigt. Das Unternehmen hat seitdem um weitere Bohrgenehmigungen in diesem Schutzgebiet angesucht. In der verbleibenden, schrumpfenden Wildnis leben viele andere Arten. Aber immer mehr Wälder brennen ab und der verkohlte Boden wird asphaltiert. Bald wird kaum noch jemand wissen, wie unberührte Natur aussieht.

Wir Menschen begehren, war selten ist – zum Nachteil vieler Orchideen. Im Jahr 2009 entdeckte man an der Grenze zwischen Laos und Vietnam die bisher unbekannte Orchideenart, *Paphiopedilum canhii*. Mittlerweile wurde der Handel mit den Pflanzen aber so gut wie eingestellt, denn es gibt kaum noch welche.

Orchideen sind nicht nur kostbar, weil sie exotisch, faszinierend und schön anzusehen sind. Sie sind auch Arzneipflanzen, die Wirkstoffe gegen Mikroben, Entzündungen und Tumoren enthalten. Von den rund 35.000 Orchideenarten wurde erst ein kleiner Bruchteil erforscht. Dennoch zerstören wir sie, bevor wir sie überhaupt richtig kennenlernen.

Auf der Erde existiert nichts in einem Vakuum. Die Orchideen sind ein Aushängeschild für das riesige, ungesehene, unterirdische Netz aus Organismen, deren Komplexität und empfindliches Gleichgewicht auch die Basis unseres eigenen Lebens bildet, selbst wenn wir noch nicht alle Zusammenhänge verstehen.

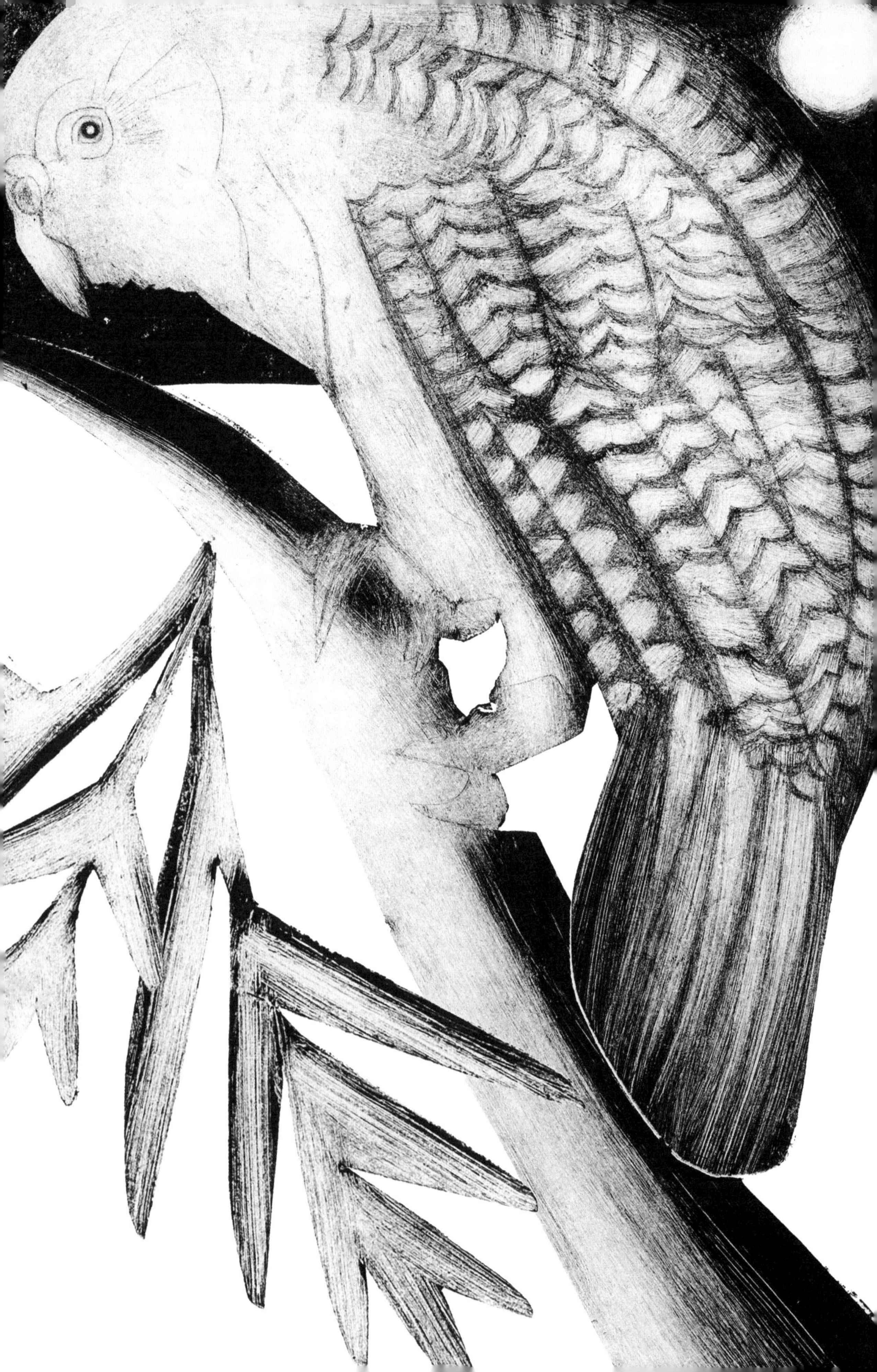

# KAKAPO

*Strigops habroptilus*

Er hat ein bärtiges, eulenhaftes Gesicht, kräftige Beine und einen Körper wie ein Fasan. Oft geht er gebeugt und mit bedächtigen Schritten. Er wirkt wie ein kleiner Professor, wenn er seine Flügel auf dem Rücken in sein Federkleid steckt und den Kopf vorstreckt, als wäre er in Gedanken versunken. Dieser Papagei kann nicht fliegen. Sein Bestand hat sich etwas erholt, doch bereits seit Jahrzehnten ist er vom Aussterben bedroht. Es gibt 7,8 Milliarden Menschen und 252 Kakapos (Stand 2022).

Die ersten Siedler in Neuseeland waren Samen und Lebewesen, die aus der Luft oder dem Meer kamen. Es gab noch keine Landtiere, die Vögel jagten, darum mussten die Vögel nicht fliegen können. Manche konnten es aber, etwa der Haastadler, der Fressfeind des Kakapos. Der Kakapo entwickelte ein moosgrünes Gefieder mit einem dunklen Muster. Die perfekte Tarnung. Bei Gefahr stand er still, um unentdeckt zu bleiben. Er verlor die Fähigkeit zu fliegen und wurde nachtaktiv.

Wird er gejagt oder erblickt er ein Weibchen, läuft er in einem tapsigen Galopp, die Flügel zum Balancieren ausgebreitet. Mithilfe seines Schnabels und den Füßen – zwei Zehen zeigen nach vorn, zwei nach hinten – klettert er auf Bäume, um Rimu-Früchte zu finden. Sie enthalten Vitamin D, das dem nachtaktiven Kakapo fehlt. Die Rimu-Harzeibe wird bis zu 50 Meter hoch, aber der flugunfähige Kakapo erklimmt sie trotzdem.

Die Weibchen paaren sich nur in Jahren, in denen die Rimu-Bäume reichlich Früchte tragen. Die Männchen graben Mulden in den Boden, um den Klang ihrer Balzrufe zu verstärken. Dieses »Boom« schallt dann jede Nacht acht Stunden lang durch die Täler – Hundert Nächte lang. Von Zeit zu Zeit stoßen sie ein »Ching« aus und hoffen, dass ein Weibchen sie findet und auf den speziell dafür angelegten Pfaden angelaufen kommt.

Das Weibchen brütet, verlässt das Nest aber, um Futter zu suchen – dafür legt es manchmal mehrere Kilometer zurück. Kehrt es zurück, schiebt es die Eier mit dem Schnabel vorsichtig wieder unter seinen Körper.

Als im 14. Jahrhundert die ersten Menschen kamen, jagten sie den Kakapo wegen seines Fleisches und seiner Federn. Die Stillsteh-Taktik des Vogels, die ihm gegen den heute ausgestorbenen Adler geholfen hatte, erleichterte es seinen neuen Feinden, ihn zu fangen. Ein Siedler berichtete, dass man die Kakapos wie Obst von den Bäumen schütteln konnte. Ihre Tarnung half ihnen auch nicht gegen den Jagdtrieb der eingeschleppten Tiere aus Europa: Wiesel, Frettchen, Hermeline, Hunde und verwilderte Katzen.

In den 1990er-Jahren war der Bestand von Hunderttausenden Kakapos auf etwa 50 Tiere geschrumpft. Die neuseeländische Regierung ergriff einige Maßnahmen, die auch erfolgreich waren: die Einrichtung von Schutzgebieten auf Inseln, der Einsatz von Futterautomaten, Genkartierung und die Zucht in Gefangenschaft. Auch wenn es mittlerweile wieder mehr Kakapos gibt, hängt seine Existenz immer noch am seidenen Faden.

# BERNSTEIN-SEESCHWALBE

*Thalasseus bernsteini*

Der Wind ist stark. Er zerwühlt die kleinen Wellen und stellt die schwarzen Federn auf den Köpfen und Hälsen der Vögel auf. Im schnellen Flug drückt der Luftstrom diese Haube flach, sodass sie wie eine Maske aussieht.

Die Bernsteinseeschwalbe ist, wie alle Seeschwalben, anmutig, stromlinienförmig, schnell und wendig. Im Schwarm, der über dem Strand kreist, kippt eine zur Seite, sodass die Luft sie nicht mehr trägt, und saust im Sturzflug nach unten. Sie beschleunigt und nutzt den Schwung, um wieder nach oben zu steigen. Ihre Flugbahn ähnelt einer Welle und am Kamm taucht sie wieder ab und zischt durch die Luft. Über dem Meer tönen ringsum die Schreie der Vögel.

Für die Seeschwalben ist Brutzeit. Zwei Vögel spazieren zusammen im seichten Wasser. Ihre Hauben flattern wie zwei Wimpel im Wind. Auf kleinen schwarzen Füßen trippeln sie dahin, der Schwalber ein Stück hinter der Schwälbin. Als er nahe genug ist, um ihre Schwanzfedern zu berühren, bleibt sie plötzlich stehen. Auch er hält plötzlich an. Er hebt die Flügel. Sie hebt ihre. Und dann laufen sie weiter, so schnell, dass man kaum ihre Schritte zählen könnte. Er umkreist sie wieder und stelzt links an ihr vorbei, wie bei einem höfischen Tanz. Sie bleibt stehen. Dann senkt sie den Kopf, pickt etwas aus dem Sand und frisst es.

Das Schwalbenweibchen wird einige gesprenkelte Eier legen. Beide Eltern füttern die Jungen. Man weiß nicht viel über diesen Vogel, aber er scheint der am stärksten bedrohte Meeresvogel der Welt zu sein. Der Bestand wird auf 50 Exemplare geschätzt. Ihre Nahrung wird knapp, da die Meere überfischt werden. Der Rest der Fische wird von Abwässern aus Industrie und Landwirtschaft getötet. Baumaßnahmen zerstören ihren Lebensraum. Ihre Brutplätze im Nordosten Asiens sind voller Ratten, die wie auch der Mensch hinter den Eiern der Schwalben her sind. Obwohl der gefährdete Status der Vögel bekannt ist, stehlen Wilderer immer noch ihre Eier. Manchmal gibt es ein zweites Gelege, was aber bedeutet, dass die Schwalben länger in der Gegend bleiben und sich der Gefahr durch Taifune aussetzen.

Bisher erging es der Bernsteinschwalbe noch nicht wie dem Riesenalk, der wegen unserer Gier nach seinen Eiern, seinem Fleisch und seinen Daunen ausstarb. In Großbritannien wurde der letzte Riesenalk 1840 gesteinigt. Im Jahr 1844 töteten Fischer vor der Küste Islands das letzte Paar der Welt und zertraten das letzte Ei.

# SIBIRISCHER TIGER

*Panthera tigris altaica*

Seine Streifen fallen wie Schatten auf sein bernsteinfarbenes Fell. Sie passen zu den dunklen Ästen und sein Weiß zum Schnee, auf dem er liegt. Die rostrote Farbe verleiht dem nördlichen Winterwald einen Hauch Dschungelwärme. Schwarzumrandete, honiggelbe Augen blicken furchtlos aus dem weiß-orange gemusterten Gesicht, das ein Backenbart säumt. In der Nacht sieht er fünfmal besser als ein Mensch. Seine Schnurrhaare sind mit Eiskristallen bestäubt. Der Tiger patrouilliert sein Revier, oft auf denselben Wegen. Er bewegt sich langsam und bedächtig und als Großkatze natürlich lautlos. Er ist der größte aller Tiger und streift durch die riesigen Wälder Russlands, auf der Suche nach seiner Lieblingsbeute: Wildschweine, Bären und Rotwild.

Ein männlicher Sibirischer Tiger braucht ein Jagdgebiet von 1300 Quadratkilometern, aber durch Abholzung und Bebauung schrumpft der Lebensraum der Tiere. Straßen erleichtern Wilderern den Zugang zum Gebiet. Da jeder Tiger so viel Platz braucht, muss man Hunderttausende Hektar Wald bewahren, um nur einen zu schützen – aber mit ihm auch viele andere Arten. Der Bestand aller Tiger sinkt. Drei von neun Unterarten sind bereits ausgestorben und dem Rest bleiben nur 7 % ihres ursprünglichen Lebensraums. Zu Beginn des 20. Jahrhunderts gab es noch geschätzte 100.000 wildlebende Tiger aller Arten. Heute sind es unter 4000. Mehr als dreimal so viele leben in Gefangenschaft.

Das Töten von Tigern ist verboten. Das hält Wilderer nicht davon ab, es dennoch zu tun. Knochen werden zu Arzneipulvern zermahlen oder in Wein eingelegt. Die Barthaare sollen gegen Zahnschmerzen helfen, das Gehirn gegen Faulheit. Das Schlüsselbein bringt angeblich Glück. Aus Zähnen und Krallen wird Schmuck hergestellt. Das Fell wird verbrannt, um Hundertfüßer zu vertreiben – oder als Statussymbol an die Wand gehängt. Tigerfarmen in den USA, Europa und Südostasien züchten die Tiere für diese Zwecke oder verkaufen sie an Zirkusse oder als Fotomotiv für Touristen.

---

Maßnahmen des Artenschutzes haben den Bestand des Sibirischen Tigers stabilisiert. Im Jahr 2020 gab es laut IUCN geschätzt 3140 Tiere.

# SAGUARO-KAKTUS

*Carnegiea gigantea*

In der nordamerikanischen Sonora-Wüste dämmert es. Zwei große gelbe Augen blicken wachsam durch das Halbdunkel. Sie gehören dem Elfenkauz, der kleinsten Eule der Welt. Er ist nicht größer als ein Spatz. In einem ausgehöhlten alten Saguaro-Kaktus sitzt das Eulenweibchen auf ihren drei weißen Eiern. Es lauscht nach dem weichen Flügelschlag ihres Partners, der in den weißen, trichterförmigen Blüten nach Motten sucht.

Der Mond geht auf und scheint durch das kleine Eingangsloch, das ein Wüstengoldspecht vor vielen Jahren in den Kaktus klopfte. Seitdem diente die Höhle im Saguaro schon als Unterschlupf für eine Wanderfledermaus, eine Goldspecht-Familie, eine Spinne und eine Kreischeule. Danach stand sie leer, bis das Elfenkauzmännchen sie auf seiner Rückkehr aus Mexiko entdeckte. Das Weibchen hört, wie draußen trockenes Gras unter Pfoten raschelt, Zweige knacksen und Krallen scharren. In der kühlen Kaktushöhle fühlt es sich aber sicher.

Etwa einen Meter höher öffnen sich die Blüten des Saguaro. Aus den schuppigen Knospen entfaltet sich eine Krause aus cremefarbenen Blütenblättern, in ihnen Hunderte pollenbedeckte Staubgefäße. Jede Blüte öffnet sich nur für eine Nacht. Ihr Duft nach überreifen Melonen und das im Mondschein leuchtende Weiß lockt nächtliche Bestäuber wie Falter und Fledermäuse an. Wenn im Osten der Morgen dämmert, kehrt der männliche Elfenkauz zurück. Kolibris, Weißflügeltauben, Krummschnabel-Spottdrosseln und Bienen – darunter eine der kleinsten Bienen der Welt, *Perdita minima* – lassen sich auf der Blüte nieder. Während der Elfenkauz schläft, macht sich der seltene Brasilzwergkauz von einem benachbarten Saguaro auf Eidechsenjagd. Er fliegt tief und wellenförmig, wie ein Specht, und bleibt in Bodennähe, um Habichten aus dem Weg zu gehen.

Auf einem Ast des alten Saguaro bauen zwei Kaktuszaunkönige ihr Nest. *Cactopinus hubbardi*, ein seltener

Borkenkäfer, gräbt unter seiner Haut Gänge. Weiter unten hat sich eine Buschratte einen schattigen Unterschlupf in den Stamm genagt und am Fuß des Saguaro frisst eine Pekari-Familie Kaktusfeigen. In einem Monat kommen sie wieder, um die Früchte des Saguaro zu ernten. Dieser Kaktus wurde vor fast 200 Jahren von einer Fledermaus gepflanzt. Damals gehörte Mexiko noch den Spaniern. Wie alle Saguaros wuchs er langsam: nur 2,5 Zentimeter in den ersten acht Jahren. Dann dauerte es weitere 35 Jahre, bis die erste Blüte erschien. In trockeneren Bereichen der Wüste blühen die Saguaros oft erst nach 75 Jahren. Nach einem Jahrhundert wuchs ihm der erste Ast. Heute ist er etwa 16 Meter hoch.

In der Sonora-Wüste ist er Teil des Kakteenwalds aus Orgelpfeifen-, Feigen-, Fass- und Biberschwanzkakteen, Chollas und Senitas. Aber das Symbol des amerikanischen Westens ist gewiss der Saguaro, dessen Stamm zwischen den beiden Ästen stolz in den Wüstenhimmel ragt, wie zum Gruße oder zur Kapitulation. Vier Wüstenbussarde stehen übereinander auf der Spitze des Kaktus wie ein Totempfahl. Weißkopfseeadler, Virginia-Uhus, Stare, Spatzen, Pfirsichköpfchen, Carolina- und Weißflügeltauben nisten in Saguaros. Rotluchse erklimmen sie auf der Flucht vor Pumas. Und wenn ein Kaktus stirbt, ziehen Wasserkäfer in sein Fleisch ein.

Leider sind die Kakteen als Zimmerpflanzen beliebt. Ganze Kolonien werden ausgegraben, Samen und Pflanzen in Socken und Plastiktüten geschmuggelt und im Internet verkauft. Der Bestand an Golfballkakteen ist um 95 % geschrumpft. Die letzten 50 stehen in den Bergen im mexikanischen Querétaro. Saguaros sind bei Landschaftsgärtnern beliebt, aber nur wenige überleben die Umpflanzung. Landwirtschaft, Viehweiden, Garnelenfarmen, Rohstoffabbau, Zersiedelung und der Klimawandel zerstören den Lebensraum dieser Kakteen.

Fast ein Drittel aller Kakteen sind vom Aussterben bedroht und die meisten werden nicht geschützt. Der Saguaro schon, aber nur auf dem Papier. Beim Bau der Grenzmauer zwischen den USA und Mexiko wurden viele Saguaros einfach wegplaniert. Aquifere, die der Wüste seit der letzten Eiszeit Feuchtigkeit spenden, wurden abgepumpt und das Wasser in den Beton gemischt. Damit vertrocknete der einzige Lebensraum der Sonora-Schlammschildkröte, des Quitobaquito-Wüstenkärpflings und der pfefferkorngroßen Quitobaquito-Schnecke. Der Brasilzwergkauz kann nicht über die Mauer fliegen und die Fledermäuse, die den Saguaro bestäuben, können nicht wandern. Dieses ist nur eines von vielen Beispielen dafür, wie sich Politik und Wirtschaft über die Gesetze für den Umweltschutz hinwegsetzen.

# BALISTAR

*Leucopsar rothschildi*

Vogelgesang. Wie dieses Wort klingt. Singvogel. Man spürt fast die Resonanz. Aber ist das Morgenkonzert in der kühlen Frische des Sonnenaufgangs nicht viel erbaulicher? Ein Weckruf an das Leben. Wie würde eine Welt aussehen, in der wir nichts als Worte hätten?

Die Geräusche der Natur werden durch den Lärm der Menschen ersetzt: das Dröhnen der Flugzeuge, das Zischen der Autobahn, das Knattern der Kettensäge. Der Musiker und Klangforscher Bernie Krause, der seit über 45 Jahren die Laute der Natur aufnimmt, merkte, dass er heute nicht mehr wie früher zehn Stunden braucht, bis er eine klare Aufnahme im Kasten hat, sondern Tausend.

---

Oft werden die Vögel in Monofil-Stellnetzen gefangen. Sie sehen die transparenten Fäden erst, wenn es schon zu spät ist und sie panisch im Netz zappeln. Ihre Federn werden zerquetscht, ihr Herz rast, der Schnabel hängt an der Schnur fest und wird vom Gewicht des Vogels offengehalten. Man schätzt, dass rund die Hälfte aller Vögel, die so gefangen werden, die ersten 24 Stunden in Gefangenschaft nicht überleben. Sie werden »Schnittblumenvögel« genannt. Später bringt man sie in Papiertüten oder bedeckten Käfigen auf den Markt, wo die Standinhaber sie für Centbeträge kaufen.

So läuft der Handel in Indonesien. Auch in Florida werden Singvögel in Käfige gesperrt, unter anderem der Indigofink, dem ältere Vögel auf einem gemeinsamen Flug durch die Nacht das Singen beibringen, während sie sich am Sternenhimmel orientieren.

Die größte Nachfrage innerhalb Indonesiens kommt von der dicht besiedelten Insel Java. Von über 145 Millionen Menschen, die dort leben, hält jeder zweite einen Vogel. Man vermutet, dass es dort mehr Vögel in Käfigen gibt als in den Wäldern.

Die Indonesier glauben, dass ihre geistige Gesundheit vom Umgang mit den Käfigvögeln profitiere.

Die Tiere werden geliebt und ihre Auftritte in Vogelgesangswettbewerben verleihen ihren Besitzern Status.

---

Den Kopf des Balistars krönt eine lange, zarte Haube aus weißen Federn. Meist liegt sie flach an, nur bei der Balz stellt sie sich auf. Dann singt der Star. Er streckt den Schnabel hoch und wippt auf und ab. Mit schiefgelegtem Kopf wartet er auf die Reaktion des Weibchens. Kommt es zur Paarung, legt es zwei blaue Eier in eine Baumhöhle. Nach dem Schlüpfen suchen beide Eltern für die Küken Insekten, Früchten und Samen.

Sie sind immer in Bewegung und hüpfen flink von Ast zu Ast. Sie baden gern: Dabei legen sie ihre Flügel auf den Rücken, fächern die Schwanzfedern auf und beugen sich schüttelnd ins Wasser, dass es nur so spritzt. Die blaue Haut um ihre Augen bildet zusammen mit dem Auge selbst die Silhouette eines Vogelkopfs.

Der Balistar wird von Raubvögeln gejagt. Ratten und Tokeh-Geckos fressen seine Eier und Küken. Honigbienen verdrängen die Vögel aus ihren Baumhöhlen. Aber ihr größter Feind, der Mensch, tötet sie durch seine Zuneigung. Der Raub der Stare und anderer Singvögel hatte verheerende Folgen für den Bestand ihrer Arten. Eine Studie ergab, dass in nur einem Jahr 1,8 Millionen indonesische Singvögel gefangen wurden. Die wachsende Bevölkerung und der Tourismus zerstören immer mehr von ihrem Lebensraum.

Vermutlich ist der Balistar seit 2006 in freier Wildbahn ausgestorben. Nun wird er in Gefangenschaft nachgezüchtet und ausgewildert, trotzdem gibt es nicht einmal Hundert wildlebende Vögel. Diese Zahl ist gefährlich klein. Vielleicht ereilt den Balistar dasselbe Schicksal wie den neuseeländischen Huia. Vom sanften Pfeifen dieses Singvogels bleibt uns nur noch ein nachgeahmter Ruf, der nach seinem Aussterben aufgenommen wurde – von einem Mann, der Huia singend in die Falle gelockt hatte.

# BEWUSSTER LEBEN

*»Die größte Gefahr für unseren Planeten ist der Glaube, dass ihn schon jemand anders retten wird.«*
Robert Swan, Polarforscher

Alles, was wir tun, hinterlässt Spuren auf dem Planeten. Unsere Entscheidungen spielen eine Rolle. Die Prognosen, die der Klima-Ausschuss IPCC (Intergovernmental Panel on Climate Change) zu Beginn des Jahrhunderts machte, treffen früher ein als erwartet. Damit sich die Erde nicht auf mehr als 1,5 °C über dem vorindustriellen Durchschnitt erwärmt, müssen wir bewusster leben.

Was den Arten in diesem Buch hilft, hilft auch uns: ein gesunder Planet. Bereits durch kleine Veränderungen können wir alle zusammen Großes bewirken.

**Wir können uns vegetarisch ernähren.** Auf 77 % aller landwirtschaftlichen Flächen werden Nutztiere gehalten, was aber nur 37 % unseres Proteinbedarfs und 18 % unserer benötigten Kalorien abdeckt. Würden wir alle mehr pflanzliche Nahrungsmittel konsumieren, müssten weniger Wälder für Weideland und den Anbau von Futterpflanzen gerodet werden. Der unberührte Boden würde auch mehr $CO_2$ aus der Luft aufnehmen.

**Wir können weniger Lebensmittel verschwenden.** Ein Drittel aller weltweit erzeugten Lebensmittel werden weggeworfen. Würde weniger verschwendet, müsste man nicht so viel herstellen. Die Produktion der Lebensmittel, die im Müll landen, macht 10 % der weltweiten Emissionen aus. Das Land, das nicht mehr bewirtschaftet wird, könnte wieder in Lebensraum für bedrohte Arten oder in unberührte Natur umgewandelt werden.

**Wir können weniger besitzen.** Studien zeigen, dass wir zwar unsere Grundbedürfnisse decken müssen, uns aber Überfluss nicht glücklich macht. Wir brauchen nicht so viel Zeug, um das Leben zu genießen. Und es lohnt sich, Qualität zu kaufen. Die Produktion eines einzigen Baumwollshirts verbraucht so viel Wasser, wie ein Mensch in drei Jahren trinkt. Würde die ganze Welt so viel konsumieren wie der Westen, bräuchten wir die Ressourcen von noch einmal anderthalb Planeten.

**Wir können seltener fliegen.** Ein Inlandsflug erzeugt mehr $CO_2$ als ein Mensch in Uganda in einem Jahr produziert. Kaufen wir lieber regionale Lebensmittel, statt unser Essen um die halbe Welt fliegen zu lassen.

**Wir können in die Zukunft investieren.** Der Kohlenstoff der Urwälder – in Form von Öl, Gas und Kohle – muss im Boden bleiben. Stattdessen können wir den Wind, die Gezeiten und die Wellen nutzen. Wir brauchen auch nur einen Bruchteil der Energie, die uns die Sonne jeden Tag kostenlos liefert. Unterstützen wir Initiativen, die natürliche Energiequellen anzapfen.

**Wir können Veränderungen fordern.** Als Konsumenten haben wir Macht. Unsere Entscheidungen beeinflussen Unternehmen und Regierungen. Der Internationale Währungsfonds berichtet, dass 85 % aller staatlichen Förderungen in die Gewinnung von Kohle, Öl und Gas fließen. Staaten subventionieren auch die Überfischung. Schreiben wir an unsere lokalen und nationalen Abgeordnete und äußern wir unsere Wünsche.

**Wir können uns wärmer anziehen.** Wir können bei Heizung und Klimaanlage sparen. In Großbritannien etwa stammt fast ein Drittel aller $CO_2$-Emissionen von den Haushalten. Nur ein Grad weniger am Thermostat spart 3,5 Millionen Tonnen $CO_2$ pro Jahr. Um diese Menge zu absorbieren müssten wir eine Fläche, die 14-mal so groß ist wie New York, mit Bäumen bepflanzen.

**Wir können umweltbewusster pflanzen.** Wir brauchen nicht so viele Chemikalien auf unseren Garten- und Nutzpflanzen. Neueste Erkenntnisse zeigen, dass so viele nicht nötig sind und dass sie uns, die Erde und die bestäubenden Insekten vergiften. Je größer der Markt für Bio-Lebensmittel wird, desto erschwinglicher werden sie. Wir können unsere Rasenflächen in Blumenwiesen verwandeln. Regenerative Landwirtschaft und Gärtnern ohne Umgraben schonen den Boden und das Leben in ihm. Er wird fruchtbarer und kann $CO_2$ absorbieren.

**Wir können kleinere Familien haben.** Je mehr Menschen auf dem Planeten leben, desto mehr Ressourcen verbrauchen wir. Eine kleinere Bevölkerung lässt sich leichter versorgen, sodass jedes Kind mit reiner Luft, sauberem Wasser und ausreichend Nahrung aufwachsen kann – und es die Artenvielfalt der Erde nicht nur in Büchern kennenlernt.

Die Veränderungen, die unser Planet braucht, sind eine Chance, eine natürlichere, schönere und gerechtere Welt zu erschaffen. Bleiben wir untätig, werden die Folgen verheerend sein, und zwar nicht nur für andere Lebewesen, sondern auch für uns Menschen. Bald ist es zu spät, um die Erde noch zu retten. Lassen wir es nicht so weit kommen, um nicht eines Tages bereuen zu müssen, diese Chance nicht ergriffen zu haben.

# QUELLEN

Die folgenden Websites, Bücher und Gedichte sind eine kleine Auswahl der Werke, die mir als Informations- und Inspirationsquelle dienten.

---


BIRDLIFE INTERNATIONAL
birdlife.org

EDGE
edgeofexistence.org

FAUNA & FLORA INTERNATIONAL
fauna-flora.org

GLOBAL TREES
globaltrees.org

IUCN
iucnredlist.org

PLANTLIFE
plantlife.org.uk

TRAFFIC
traffic.org

---

*Oryx* – Fachzeitschrift für internationalen Naturschutz

---

J. A. Baker, *Der Wanderfalke,* Berlin, 1967

Leonard Baskin (mit Texten von Tobias Baskin, Lucretia, Hosie & Lisa Baskin), *Hosie's Aviary,* New York, 1979

Paul Gallico, *Die Schneegans*

Jean Giono, *Der Mann, der Bäume pflanzte,* Berlin, 1996

Dave Goulson, *Stumme Erde: Warum wir die Insekten retten müssen,* München, 2022

Paul Hawken (Hrsg.), *Drawdown – der Plan: Wie wir die Erderwärmung umkehren können,* Gütersloh, 2019

Laurie Lee, *Village Christmas: And Other Notes on the English Year,* London, 2015

Michael McCarthy, *Say Goodbye to the Cuckoo,* London, 2009

Mary Oliver, *Devotions: The Selected Poems of Mary Oliver,* New York, 2017

Mary Oliver, *Winter Hours: Prose, Prose Poems, and Poems,* Boston, 1999

Merlin Sheldrake, *Verwobenes Leben: Wie Pilze unsere Welt formen und unsere Zukunft beeinflussen,* Berlin, 2020

Isabella Tree, *Wildes Land: Die Rückkehr der Natur auf unser Landgut,* Köln, 2022

Henry Williamson (Illustrationen von C.F. Tunnicliffe), *Tarka der Otter, Berlin, 1929*

---

Diese Gedichte hinterließen bleibenden Eindruck:

Seamus Heaney, »Postscript«, 1996

Ted Hughes, »Swifts«, 1976

D. H. Lawrence, »Snake«, 1923

Mary Oliver, »Lead«, 2020

# DANKSAGUNG

Ganz besonderer Dank geht an John Fanshawe, der das Manuskript gelesen und mich ermutigt hat. Ich bin glücklich, dass ich als Künstlerin am CCI arbeiten durfte. Ich begegnete dort inspirierenden Menschen, die ihr Leben dem Naturschutz widmen. Einer davon war der mittlerweile verstorbene Tony Whitten, dessen Einsatz und Begeisterung für weniger bekannte Arten mir immer im Gedächtnis bleiben wird. Ich danke Craig Hilton-Taylor, der mich durch die Rote Liste führte.

Herzlichen Dank an alle, deren Wissen und Erfahrungen dieses Buch bereicherten: Anthony Ambrose, Angie Babbit, Hari Brooker, Marcus Byrne, Alberto Búrquez, John E. Brittain, James Clarke, John Croxall, Steven Falk, Barbara Goettsch, Matt Goetz, Dave Goulson, Peter Grant, Will Hawkes, Brian Hires, Marc Jones, Laiken Jordahl, Andrew Kerr, Cristina Lopez-Gallego, Greg Mueller, Nicola Nelson, Beth Newman, David Obura, Howard Ricketts, Malin Rivers, Michel Sartori, Janet Scott, Jay Staton, Leendert-Jan van der Ent und I Gede Nyoman Bayu Wirayudha.

Ich bin mit Tieren und vielen Beispielen kreativer Schaffenskraft aufgewachsen. Darum danke ich Sue Yee-King und dem verstorbenen Harry Rogers, die mir so viel über die Natur beibrachten. Ich bin zutiefst dankbar für den künstlerischen Einfluss meiner Mutter und meiner Schwestern sowie von Robert Strobridge, John Howard, Becky Haughton und Adol Cieslarczyk.

Ich danke auch David Woods und Frank O'Brien, die mir erlaubten, ihre Transkription der Apollo-8-Mission im ersten Kapitel dieses Buchs zu verwenden.

Ich bedanke mich bei Jane Finigan für ihren Rat und ihre Unterstützung. Sie hat immer an das Buch geglaubt. Ich danke Xa Shaw Stewart, die mir die Chance gab, es zu schreiben, und mich geduldig und mit Weitsicht durch den ganzen Prozess führte. Große Geduld hatten unter anderem auch Kate Quarry, deren Korrekturen und Tipps äußerst hilfreich waren, und Alison Cowan, die den ganzen Text mit mir Seite für Seite durchgegangen ist. Ihr Gespür dafür, was ich mit meinen Worten ausdrücken wollte, prägte die finale Fassung dieses Buchs. Vielen Dank an das gesamte Team bei Bloomsbury.

Danke auch an Lizzie Ballantyne für ihr ästhetisches Design und die gelungene Verbindung aus Bild und Wort. Danke an Temujin Doran von Studio Canoe, der so viel Zeit und Mühe aufwandte, um den gesamten künstlerischen Prozess der Kaltnadelradierungen filmisch zu begleiten.

Ich bin dankbar, dass ich die Stille und die sternklaren Nächte in einem Tal im Südwesten Frankreichs und in einem im Südwesten Englands erleben durfte.

Danke an meine Freunde, die mich immer unterstützt und erheitert haben.

Danke an meine Schwestern Rose, Romilly und Flora. Ihr inspiriert mich immer. Und ganz besonders danke ich meinen Eltern James und Catherine Forshall, deren Unterstützung, Fürsorge, Weisheit und Liebe die Grundlage für dieses Buch bildeten.

Und nicht zuletzt bin ich dankbar für all die Arten, die in diesem Buch verewigt wurden. Sie machen unsere Welt zu dem vielfältigen, wunderschönen und interessanten Planeten, den wir lieben.

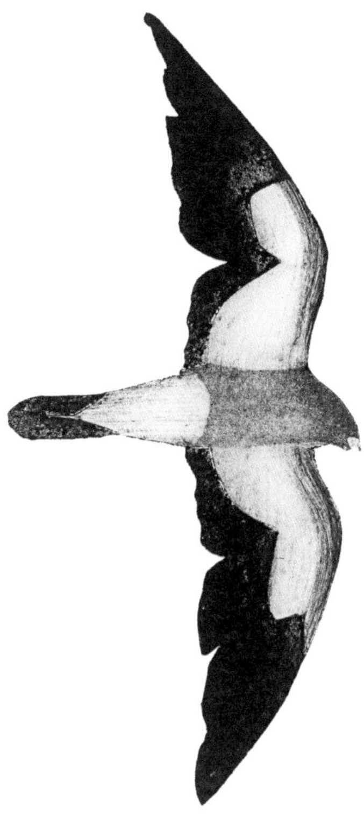

# STICHWORTVERZEICHNIS

## I



## J



## K



## L

# ÜBER DIE AUTORIN UND ILLUSTRATORIN

Beatrice Forshall wurde in Frankreich geboren. Ihre ersten Lebensjahre verbrachte sie dort und in Katalonien. Schon als Kind sammelte sie Spenden für ein Naturschutzprojekt und bastelte dafür Tierfiguren aus Papiermaché, die sie auf dem Markt verkaufte. Nun verschwinden die Elefanten, Nashörner, Schmetterlinge und Vögel, die die Fantasie so vieler Kinder angeregt hatten, zusammen mit Tieren, über die wir kaum etwas wissen. Es ist Beatrice Forshalls Wunsch, ihnen ein Denkmal zu setzen.

Sie studierte Illustration am Falmouth College of Art, wo sie sich im letzten Jahr ihrer Ausbildung auf Kaltnadelradierungen spezialisierte. Seitdem stellt sie ihre Werke regelmäßig in ganz Großbritannien aus. Von 2017 bis 2019 nahm sie an einem Künstler-Residenzprogramm der Cambridge Conservation Initiative (CCI) teil. Dabei handelt es sich um ein Gemeinschaftsprojekt aus Forschern, Entscheidungsträgern und Experten der Universität Cambridge sowie führenden Organisationen für Artenschutz. Ihre Arbeit ist ein Teil der Dauerausstellung im Hauptgebäude der CCI, dem David Attenborough Building.

Bisher kollaborierte Beatrice Forshall mit Organisationen wie der IUCN (International Union for Conservation of Nature), TRAFFIC (die den Handel mit gefährdeten Arten beobachtet), BirdLife International und Fauna & Flora International.

Jedes Bild in diesem Buch wurde mit einer Tiefdruckpresse erstellt. Das Verfahren ist aufwendig: Erst wird die Zeichnung angefertigt, dann eingeritzt, gedruckt und ausgemalt – alles von Hand. Die Druckplatten, die die Künstlerin verwendet, sind filigran, sodass meist nur 25 Abzüge möglich sind. Das finale Bild weicht leicht in Farbe und manchmal auch im Aufbau vom Rest der Auflage ab, sodass jedes Exemplar ein Unikat ist.

Covergestaltung: Andreas Kalamala, ew print & medien service gmbh, Würzburg

Für die deutsche Ausgabe
© Prestel Verlag, München · London · New York, 2023
in der Penguin Random House Verlagsgruppe GmbH
Neumarkter Straße 28 · 81673 München

Die Originalausgabe erschien unter dem Titel *The Book of Vanishing Species* 2022 bei
Bloomsbury Publishing Plc.
Die vorliegende deutsche Ausgabe erscheint mit Zustimmung von Bloomsbury Publishing Plc.
Text und Illustrationen © Beatrice Forshall, 2022

Beatrice Forshall hat ihr Recht gemäß dem Copyright, Designs and Patents Act, 1988,
geltend gemacht, als Autorin dieses Werkes genannt zu werden.
Aus rechtlichen Gründen stellen die Danksagungen auf S. 247 eine
Erweiterung dieser Copyright-Seite dar.
Auszug auf S. 7 aus dem Gedicht »Winter Hours« in *Upstream*, veröffentlicht von Penguin Random House USA, New York, Copyright © 2016 Mary Oliver, wiedergegeben mit Genehmigung der Charlotte Sheedy Literary Agency. Apollo 8 Flight Journal auf den Seiten 11–12, wiedergegeben mit freundlicher Genehmigung von W. David Woods und Frank O'Brien. Zitat auf S. 244 mit freundlicher Genehmigung von Robert Swan, 2041foundation.org

Registererstellung: Vicki Robinson
Gestaltung: Lizzie Ballantyne, lizziebdesign.com

Projektleitung deutsche Ausgabe: Claudia Stäuble, Andrea Bartelt-Gering
Übersetzung: Nina Kavelar für Print Company, Wien
Lektorat und Satz: Print Company, Wien
Herstellung: Andrea Cobré
Druck und Bindung: DZS GRAFIK, d.o.o.

FSC www.fsc.org MIX Papier | Fördert gute Waldnutzung FSC® C106600

Penguin Random House Verlagsgruppe FSC® N001967

Gedruckt in Slowenien
ISBN 978-3-7913-8946-2
www.prestel.de

Der Verlag weist ausdrücklich darauf hin, dass im Text enthaltene externe Links vom Verlag nur bis zum Zeitpunkt der Buchveröffentlichung eingesehen werden konnten. Auf spätere Veränderungen hat der Verlag keinerlei Einfluss. Eine Haftung des Verlags ist daher ausgeschlossen.